Machen Sie Ihre eigenen Hüte

Gene Allen Martin

Alpha-Editionen

Diese Ausgabe erschien im Jahr 2023

ISBN: 9789359251363

Herausgegeben von
Writat
E-Mail: info@writat.com

Inhalt

VORWORT

DAS HUTMACHEN ist eine Kunst, die jeder erlernen kann, der Geduld und durchschnittliche Fähigkeiten besitzt. Einen Hut für den Handel anzufertigen ist nicht so schwierig wie einen für eine Einzelperson; es ist auch keine so hohe Phase der Kunst.

Für die Kronenhöhe, die Krempenbreite und die Farbe werden viele Regeln angegeben, die für unterschiedliche Gesichtstypen geeignet sind. Sie sind jedoch oft so irreführend, dass es am besten erscheint, nur einige wenige zu berücksichtigen, da die Passgenauigkeit eines Huts fast immer davon abhängt auf untergeordnete Merkmale des Individuums, für die es keine Regeln gibt.

Ein Mädchen oder eine Frau mit kastanienbraunem Haar kann Grautöne tragen – Graugrün, Cremefarbe, Lachsrosa; ein Hauch Henna mit Gold oder Orange; Maulbeere, wenn die Augen dunkel sind.

Die Frau mit dunklem Haar und blauen oder dunklen Augen kann jede Farbe tragen, wenn die Haut klar ist.

Wer dunkle Haare und Augen sowie eine blasse Haut hat, kann feststellen, dass die Farbe goldbraun, blassgelb oder cremefarben ist — möglicherweise sogar maulbeerbraun, wenn sie genau die richtige Tiefe hat. Ein Hut mit leicht herabhängender Krempe und einem etwas rosafarbenen Farbton verleiht den Wangen Farbe. Es sollten keine Rottöne getragen werden, es sei denn, die Haut ist klar. Wer blaue Augen hat , sollte keinen Lila- oder Heliotrop-Ton tragen – er scheint das Blau blasser zu machen.

Jeder, der kastanienbraunes Haar, blaue Augen und eine klare Haut hat, kann Braun-, Grau-, Grün-, Hellbraun-, Blau- und Schwarztöne tragen. Schwarz sollte nicht im Gesicht getragen werden, es sei denn, die Haut ist strahlend. Für Blondinen und Frauen, deren Haare ganz weiß geworden sind, steht es jedoch sehr gut.

Ein schwarzer Hut ist fast ein Muss in der Garderobe jeder Frau, und er kann immer durch die Verwendung eines Besatzes in einer Farbe, die besonders zur Trägerin passt, elegant gestaltet werden – Schwarz und Weiß ist immer eine schicke Kombination, aber sehr schwierig zu handhaben.

Was die Linien betrifft, so ist bekannt, dass ein Hut mit herabhängender Krempe von der Körpergröße des Trägers abweicht und niemals von jemandem getragen werden sollte , der runde Schultern oder einen kurzen Hals hat. Ein nach hinten hochgeschlagener Hut wäre viel besser. Eine schmale Krempe und eine hohe Krone verleihen dem Träger Größe. Eine Frau mit einer kurzen, hochgestülpten Nase sollte einen Hut vermeiden, der zu stark vom Gesicht absteht. Kleine Menschen sollten sehr breite Krempen vermeiden. Für den Besitzer eines sehr vollen, runden Gesichts dürfte sich der hohe Scheitel und die schmale Krempe oder eine Krempe, die auf einer Seite oder rundherum scharf gegen den Scheitel absteht, als vorteilhaft erweisen. Eine große, schlanke Frau täte gut daran, eine herabhängende Krempe zu tragen, die breit genug ist, um ihrer Körpergröße gerecht zu werden. Es gibt einen Hutstil , der mit verschiedenen Modifikationen allgemein zu passen scheint, und das ist der Zweispitz, eine Form des Napoleon-Hutstils.

Denn Erfahrung ist der beste Lehrer. Wenn sich herausstellt, dass ein Hut besonders gut aussieht, wäre es gut, herauszufinden, warum er so ist, und sich die Farbe, Größe und den allgemeinen Umriss zu notieren. Diese Notizen sind von Wert, wenn sie zum späteren Nachschlagen aufbewahrt werden, unabhängig davon, ob Hüte für das Geschäft oder für die Hutmode zu Hause hergestellt werden sollen.

Ein Hut wird selten rundherum, aber das Ziel sollte sein, ihn so zu machen. Vor übermäßiger Verzierung und zu enger Farbharmonie sollte man sich hüten, bis man viel Erfahrung gesammelt hat. Eine Regel, nach der man die Angemessenheit eines Hutes beurteilen kann und von der es keine Ausnahme gibt, ist diese: Der Hut muss Ihr Aussehen hervorheben. Wenn Sie damit nicht schöner aussehen als ohne, ist das Modell nicht so gut für Sie, wie es sein könnte.

Bei der Planung oder Auswahl eines Hutes entscheiden wir uns unbewusst für die Farben und Konturen, die ein äußerer Ausdruck unserer selbst sind. Ein Hut sowie jedes Kleidungsstück kann viele Dinge ausdrücken – Niedergeschlagenheit, Glück, Entschlossenheit, Unentschlossenheit, Fröhlichkeit, Würde, Güte, einen geschulten oder ungeübten Geist, Voraussicht, Vornehmheit, Großzügigkeit, Grausamkeit oder Rücksichtslosigkeit. Wie oft hören wir jemanden Sagen Sie : „Dieser Hut sieht genauso aus wie Mrs. Blank!" Kleidung jeglicher Art ist ein Hinweis auf die Persönlichkeit des Trägers. Eine Freundin sagte einmal in meiner Anwesenheit zu einer Verkäuferin, die ihr einen Hut verkaufen wollte: „Aber ich habe keine *Lust* auf diesen Hut!" Die Verkäuferin antwortete: „Das ist genau so – Sie weigern sich, es zu kaufen, weil Sie keine *Lust* dazu haben, während ich Ihnen sage, dass es sehr schick ist." All dies zeigte, dass diese Verkäuferin nicht die geringste Ahnung hatte, was gemeint war, und überhaupt kein Verständnis hatte.

Kleidung *sollte* eine Frage des „Gefühls" sein, und dieses Gefühl ist lebenswichtig und sollte berücksichtigt werden, wenn unsere Kleidung dazu beitragen soll, unseren Geist zu befreien. Warum sollten wir etwas tragen, das uns selbst in die Irre führt? Schauen wir jeden Tag in den Spiegel und fragen wir uns, ob wir so aussehen, als würden wir andere für uns halten.

Bei der Planung eines Hutes ist es wichtig, ihn sowohl am helllichten Tag als auch unter künstlichem Licht zu sehen. Es sollte auch bei gutem Licht im *Stehen vor dem Spiegel* anprobiert werden , denn ein Hut, der im Sitzen aussieht, sieht im Stehen möglicherweise nicht gut aus, wobei die gesamte Figur berücksichtigt werden muss.

Die Herstellung eigener Hüte unter Verwendung alter Materialien fördert die Originalität und bietet die Möglichkeit, sich auszudrücken. Es ist erstaunlich zu sehen, wie viele neue Ideen entstehen, wenn wir anfangen, etwas zu tun, was wir für völlig unmöglich gehalten haben. Das alles trägt dazu bei, dem Leben mehr Lebensfreude zu verleihen. Das Selbermachen von Hüten spricht den konstruktiven Instinkt jeder Frau an, abgesehen vom Aspekt der Sparsamkeit, der immer beachtet werden sollte. Jemand wird sagen: „Ich würde keinen Hut tragen, den ich machen könnte." Wie oft haben wir unpassende Hüte getragen, die schlecht verarbeitet waren, und dafür jemanden großzügig bezahlt. Versuchen wir, einen Maßstab zu formulieren, anhand dessen wir den Wert eines Hutes beurteilen können, statt anhand des Namens des Herstellers.

Bevor man einen Hut anfertigt, sollte man sich die gesamte Garderobe genau ansehen, um zu sehen, wozu der Hut getragen werden soll und welchen Service wir von ihm erwarten. Jedes Kostümteil sollte hinsichtlich Farbe, Umriss und Eignung zueinander passen und harmonisch sein. Das Ergebnis sollte ein perfektes Ganzes ohne eine einzige Zwietracht sein. Wie oft sehen wir einen grünen Rock, einen senffarbenen Mantel und einen leuchtend blauen Hut – jedes Stück für sich genommen ansprechend, aber grausam, wenn es zusammen getragen wird. Helle, fröhliche kleine Hüte erfreuen sich, wenn man sie selten sieht, aber wenn man sie täglich tragen muss, werden wir schnell müde.

Wir investieren unsere Zeit und unsere besten Gedanken gut in die Planung unserer Kleidung. Die richtige Kleidung gibt uns Selbstvertrauen und Selbstachtung sowie den Respekt anderer. Gut gekleidet zu sein bedeutet, frei von dem Gedanken an Kleidung zu sein. Wir beurteilen und werden anhand der Kleidung beurteilt, die wir tragen – sie ist ein äußerer Ausdruck unserer selbst und spricht für uns, während wir schweigen müssen.

„Einfachheit ist der Grundgedanke der Schönheit" – kein Kleidungsstück sollte zu auffällig hervorstechen, es sei denn, es *ist* der Hut. Die Natur geht sparsam mit leuchtenden Farben um. Wenn Sie eine Pflanze betrachten, sehen Sie, dass sie in Bodennähe dunkel ist, in der Nähe der Spitze mit ihren grünen Blättern heller wächst und dann die Blüte; Der Ruhm ist an der *Spitze* . Alles in der Natur lehrt uns, nach *oben zu schauen* . Daher sollte der Hut die Krönung eines Kostüms sein, im Mittelpunkt des Interesses stehen und ihm größte Aufmerksamkeit hinsichtlich seiner Anmutung, Eignung und Verarbeitung widmen.

KAPITEL I

AUSRÜSTUNG UND MATERIALIEN

AUSRÜSTUNG

- Fingerhut
- Faden
- Nadeln
- Maßband
- Stifte
- Schneiderkreide oder Bleistift
- Hutmacherzange oder Drahtschneider
- Scheren, groß und klein
- Papier für Muster

Fingerhut – gute Qualität

Garn – Genfer Glanz , schwarz und weiß, Nummer 36. Farbiges Garn nach Bedarf.

Nadeln – sortiertes Papier mit Hutmachernadeln, 8 bis 10.

Maßband – aus hochwertigem Satin.

Schneiderkreide – weiß und dunkelblau.

Hutmacherzange – Zange, die in die Hand passt, nicht zu schwer ist, mit stumpfen Spitzen und scharf genug ist, um einen Faden zu schneiden.

MATERIALIEN ZUR HERSTELLUNG VON HUTRAHMEN

Stoffe —

Buckram

Krinoline

Cape-Netz

Neteen oder Fliegennetz

Weidenteller

Drähte –

Kabel

Rahmen- oder Stützdraht

Spitze

Binden

Schleife

Gesprungen

Papier für Schnittmuster —

Schweres Manila

BUCKRAM –

Erhältlich in Schwarz und Weiß, etwa siebenundzwanzig Zoll breit – ein schweres, steifes Material, glatt auf der einen Seite und eher rau auf der anderen. Es wird häufiger für Hutfundamente verwendet als jeder andere Stoff. Es gibt auch einen Sommer-Buckram, der leichter und auf beiden Seiten glatt ist.

KRINOLINE —

Erhältlich in Schwarz und Weiß, 27 Zoll breit – ein steifes, dünnes, offenmaschiges Material, das zur Herstellung weicher Hutrahmen, zum Abdecken von Drahtrahmen und in Schrägstreifen zum Abdecken des Randdrahts verwendet wird, nachdem dieser an den Stoffrahmen genäht wurde .

NETTEEN ODER FLIEGENNETZ –

Ein steifes, offenmaschiges Material – erhältlich in Schwarz, Weiß und Ecru, 1 Yard breit – ein sehr beliebtes Material aufgrund seiner großen Biegsamkeit und Leichtigkeit. Es wird zum Blockieren von Rahmen und zum Kopieren verwendet, wobei die Linien viel weicher sind als bei der Herstellung mit Buckram. Sehr langlebig.

UMHANGNETZ —

Ein leichtes, offenmaschiges Material, das zum Blockieren und für weiche Rahmen verwendet wird. Nicht so biegsam wie Neteen .

WEIDENTELLER —

Ein grobes, strohartiges Material, leicht, spröde und sehr teuer, das zum Blockieren verwendet wird. Es werden auch Rahmen ohne Blockierung daraus hergestellt.

Muss vor der Verwendung angefeuchtet werden. Für Amateure nicht zu empfehlen.

DER DRAHT ist in den Farben Schwarz, Weiß, Silber und Gold erhältlich und mit Baumwolle, merzerisierter Baumwolle und Seide überzogen. Es kann in Einzel- und Doppelriegeln bezogen werden.

KABEL —

Größter Draht, der in der Hutmacherei verwendet wird. Bei der Herstellung von Drahtrahmen wird es als Randdraht und manchmal auch für den gesamten Rahmen verwendet. Da es größer als Rahmendraht ist, wirkt es angenehm, wenn es als Teil des Drahtrahmendesigns verwendet wird, wenn es mit transparentem Material überzogen werden soll.

RAHMEN- ODER STÜTZDRAHT –

Wird zur Herstellung von Rahmen verwendet und an der Kante aller Hutrahmen aus Buckram und Stoff angenäht.

SPITZE —

Kleiner als Rahmendraht, wird zum Verdrahten von Spitzenbändern und Blumen verwendet und manchmal auch zur Herstellung eines ganzen Rahmens, wenn ein sehr zierliches Design gewünscht wird.

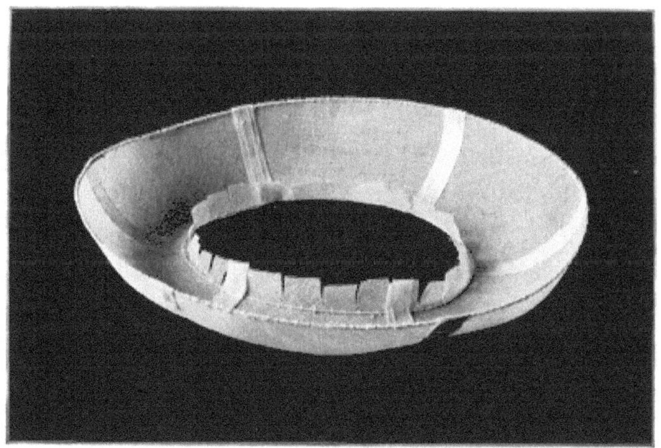

Dargestellt ist eine geformte Krempe aus Neteen mit festgehefteten Banddrahtklammern

KRAWATTE –

Kleinster Draht, der in der Hutmacherei verwendet wird; wird auf Spulen aufgewickelt geliefert. Wird zum Binden anderer Drähte und zur Herstellung handgefertigter Blumen verwendet. Erhältlich in Schwarz, Weiß und Grün.

BAND –

Ein etwa drei Achtel Zoll breites Baumwollband mit einem feinen Draht in der Mitte und einem Draht an jeder Kante. Wird zum Verdrahten von Bändern verwendet.

GESPRUNGEN –

Ein unbedeckter Stahldraht, der zur Herstellung von Halo-Krempen verwendet wird; wird manchmal an der Kante von Buckram- oder anderen Stoffkrempen angenäht, wenn der Hut ungewöhnlich breit ist oder wenn eine Krempe besonders steif sein soll. Gelegentlich wird es als Kantendraht an Drahtgestellen verwendet.

HUTGESTELLE AUS STOFF

Bei der Herstellung des Rahmens eines Hutes muss VIEL SORGFALT, ÜBERLEGUNG UND GEDULD AUFGEWENDET WERDEN. Es ist das Fundament, auf dem wir aufbauen, und wenn es schlecht gemacht ist, kann es später durch keine noch so große Arbeit mehr überdeckt werden. Ein Hut muss bei jedem Schritt stimmen. Der Rahmen ist der erste und damit wichtigste Schritt.

Der am einfachsten herzustellende Hut ist der Matrosenhut mit gerader Krempe und quadratischer Krone, der mit Samt überzogen ist. Ein solches Modell werden wir zunächst aufgreifen.

MATROSENHUTGESTELL —

Der Einfachheit halber verwenden wir die folgenden Abmessungen: Breite der Krempe: drei Zoll; Höhe der Krone: dreieinhalb Zoll; Länge der Kronenspitze: 20,5 cm; Breite der Kronenspitze: sechseinhalb Zoll und Kopfgröße : vierundzwanzig Zoll.

MUSTER FÜR KREMPE –

Schneiden Sie aus einem Stück Manilapapier den größtmöglichen Kreis von 14,5 mal 14,5 Zoll aus; Das Papier kann in Hälften, dann in Viertel, dann in Achtel gefaltet und geknittert werden.

Eine runde Krempe hat nicht rundherum die gleiche Breite aus kopfgroßem Draht, da der kopfgroße Draht oval sein muss, damit er zum

Kopf passt. Die Vorder- und Rückseite werden jeweils etwa 2,5 cm schmaler sein als die Seiten.

KOPFGRÖßENDRAHT – _

MESSEN – Dies ist besonders wichtig, da von der Genauigkeit dieser Messung der Tragekomfort des Trägers abhängt; Das ist der Fundamentdraht. Führen Sie ein Maßband um den Kopf herum über das Haar, wo der Hut aufliegen soll, und addieren Sie zu diesem Maß zwei Zoll hinzu. Einer dient zum Läppen der Enden und der andere Zoll dient zum Ausfüttern und Bedecken des Hutes, der bis zur Kopfgröße reicht. 7-1

Da unser Kopfumfang 24 Zoll lang ist, schneiden Sie ein 26 Zoll langes Stück Rahmendraht ab; Dies ermöglicht die gerade erwähnten zwei Zoll. Überlappen Sie die Enden 2,5 cm und befestigen Sie jedes Ende mit Kabelbinder . 7-2 Der Draht überlappt immer einen Zoll – nicht mehr und nicht weniger.

ZUM FORMEN : Ziehen Sie den Kreis mit den Händen nach innen, bis er sich dem Kopf anpasst. Dieser kopfgroße Draht darf keinen übermäßigen Druck auf irgendeinen Teil des Kopfes ausüben.

SO LOKALISIEREN SIE DIE KOPFGRÖßE AUF DEM MUSTER : Legen Sie das Muster flach hin, stecken Sie den kopfgroßen Draht mit der Verbindungsstelle an der hinteren Falte im Papier auf das Muster, wobei die Vorder- und Rückseite der Krempe gleich breit und die beiden Seiten der Krempe gleich breit sein müssen. Markieren Sie den gesamten kopfgroßen Draht mit einem Bleistift. Entfernen Sie den Draht und schneiden Sie das Papier einen halben Zoll innerhalb dieser Markierung ab.

SO SCHNEIDEN SIE DIE KREMPE AUS BUCKRAM : Legen Sie das Muster auf die glatte Seite der Krempe, stecken Sie es fest und schneiden Sie die Kanten sehr glatt ab. Kopfgröße wie im Muster zuschneiden . Markieren Sie die Position der hinteren und vorderen Mitte. Entfernen Sie das Muster und drücken Sie den Buckram mit einem heißen Bügeleisen vollkommen flach. Achten Sie dabei darauf, dass der Buckram nicht bricht oder scharf gebogen wird, denn wenn er einmal gebrochen ist, kann er nicht mehr zufriedenstellend repariert werden.

SO NÄHEN SIE DEN KOPFGROßEN DRAHT AN DIE KREMPE : Beachten Sie zunächst das Verhältnis des kopfgroßen Drahtes zur Krempe. Wenn Buckram sorgfältig geschnitten wird, kann der Draht etwa einen halben Zoll vom Rand entfernt festgesteckt werden. Die Krempe ist rund geschnitten und sieht beim Tragen wie ein runder Hut aus. Aufgrund des ovalen Kopfgrößendrahts misst die Krempe jedoch nach Fertigstellung auf jeder Seite etwa 8,5 cm und auf jeder Seite etwa 6,5 cm. halbe Zoll hinten und vorne. Stecken Sie den Draht auf die glatte Seite des Buckrams, mit einer

Überlappung in der hinteren Mitte, und stecken Sie auch die Vorderseite und jede Seite fest. Achten Sie dabei darauf, die Form des kopfgroßen Drahtes nicht zu verlieren. Führen Sie die Nadel von der Unterseite der Krempe ausgehend nahe am Draht nach oben, beginnend am Schoß. Führen Sie die Masche über den Draht zur Unterseite und kommen Sie durch die erste Masche zurück zur rechten Seite. Führen Sie den nächsten Stich etwa einen Viertel Zoll vom ersten entfernt über den Draht und kommen Sie zurück zur rechten Seite. Den ganzen Vorgang wiederholen, bis der Schoß erreicht ist. Befestigen Sie den Faden, indem Sie mehrere Stiche dicht aneinander über die Drahtenden nähen, um eine saubere Verbindung zu gewährleisten und zu verhindern, dass sie sich lösen. Schneiden Sie den Buckram innerhalb des kopfgroßen Drahtes alle halben Zoll ein und drehen Sie die Teile nach oben. Dadurch entstehen kleine Lappen, an denen später die Krone befestigt werden kann. Die Krempe kann nun anprobiert und bei Bedarf geändert werden.

RANDDRAHT –

Dieser wird aus Rahmendraht geschnitten und muss lang genug sein, um bis zum Rand der Krempe zu reichen und 2,5 cm zu überlappen. Der Randdraht wird immer auf derselben Seite der Krempe angenäht wie der Kopfdraht , normalerweise auf der glatten Seite. Formen Sie diesen Draht so, dass er der Form der Krempe entspricht. Verlassen Sie sich niemals darauf, dass der Hut oder die Nähte einen Draht an Ort und Stelle halten. Beginnen Sie in der Mitte der Rückseite der Mütze, halten Sie den Draht zu sich und nähen Sie von rechts nach links. Halten Sie den Draht so nah wie möglich an der Kante, damit er nicht über die Kante rutscht. Mit einem Überwendlingsstich annähen, dabei zwei Stiche in das gleiche Loch stechen. Nehmen Sie die Stiche genau so tief wie der Draht. Wenn er zu flach ist, rutscht der Draht über die Kante, oder wenn er zu tief ist, rutscht er von der Kante zurück, sodass er ungeschützt bleibt und leicht bricht und uneben aussieht. Ein Rahmen muss bis ins kleinste Detail gut verarbeitet sein, um am Ende zufriedenstellende Ergebnisse zu erzielen.

SO BEDECKEN SIE DEN RANDDRAHT : Der gesamte Randdraht muss mit Krinoline oder einem billigen Musselin bedeckt sein. Schneiden Sie einen Streifen dieser Ware schräg zu, etwa 7,5 cm breit. Entfernen Sie die Kante und spannen Sie den Streifen. Binden Sie damit den Randdraht fest und halten Sie ihn fest. Mit einem Stichstich dicht am Draht festnähen.

RECHTE SEITE – FALSCHE SEITE –

Dieser Stich entsteht, indem man auf der rechten Seite einen langen Stich und dann auf der linken Seite einen kurzen Rückstich macht. Überlappen Sie die Enden der Krinoline am Ende um einen Viertel Zoll, aber drehen Sie die Enden nicht nach unten.

Eine quadratische Krone hat eine flache oder nur leicht abgerundete Oberseite, wobei die Seiten leicht nach oben geneigt sind. Eine Krone dieser Art mit einer Höhe von drei bis dreieinhalb Zoll wäre oben mindestens anderthalb Zoll kleiner als unten. Jede Krone, die separat von der Krempe hergestellt wird, muss groß genug sein, um den kopfgroßen Draht an der Krempe an der Basis abzudecken . Um eventuelle Schlitze oder Nähte im seitlichen Scheitelbereich zu beseitigen, sollte ein Papierschnittmuster angefertigt werden. In den folgenden Absätzen wird erläutert, wie dies geschieht.

MUSTER FÜR SCHRÄGE SEITENKRONE –

Schneiden Sie ein Stück Manilapapier zu, das einen Viertel Zoll breiter als die Kronenhöhe und einen halben Zoll länger als die Drahtlänge des Kopfes ist . Schneiden Sie das Papier an vier gleich weit voneinander entfernten Stellen mit einem Schnitt von weniger als einem Viertel Zoll von der Unterkante ab und überlappen Sie dann die Schnitte an der Oberseite etwas mehr als einem Viertel Zoll, also etwa so weit, dass etwa eineinhalb Zoll herausgeschnitten werden. Pin-Schrägstriche. Die Enden des Papiers etwa einen Zentimeter überlappen und zusammenstecken. Platzieren Sie dieses Muster mit der Verbindung nach hinten auf der Krempe und stecken Sie es an die umgedrehten Schlitze auf der Krempe. Probieren Sie es aus, um festzustellen, ob Änderungen erforderlich sind. An dieser Stelle können Sie entscheiden und Änderungen vornehmen, falls die Krone zu schräg oder zu gerade sein sollte. Ein Amateur sollte einen Rahmen häufig anprobieren, um sicherzustellen, dass die Linien und Kurven gut aussehen. Entfernen Sie das Muster von der Krempe und schneiden Sie alle Unregelmäßigkeiten am Rand oben und unten ab.

SEITENKRONE AUS BUCKRAM SCHNEIDEN –

Entfernen Sie die Stecknadeln aus der Naht, sodass die Stecknadeln in den Schlitzen verbleiben. Legen Sie das Muster flach in Längsrichtung des Materials auf die glatte Seite des Buckrams, um die natürliche Rolle zu nutzen. Nah am Muster zuschneiden; Überlappen Sie die Enden um einen Viertel Zoll. Nähen Sie mit einem feinen Rückstich nah an jeder Kante; Dadurch entstehen zwei Nahtreihen. Nähen Sie ein Stück Rahmendraht oben und unten an den seitlichen Scheitel, wobei alle Verbindungen auf der Rückseite verbleiben. Verwenden Sie die gleiche Methode wie beim Nähen des Randdrahts an der Krempe. Decken Sie beide Drähte mit Krinoline ab.

KRONENTIPPS –

Die Oberseite der Krone kann weich aussehen oder aus Buckram bestehen, was einen steifen Effekt erzeugt. Beide Methoden werden vorgestellt.

WEICHE KRONENSPITZE : Forme zunächst die seitliche Krone so, dass sie auf den kopfgroßen Draht an der Krempe passt, was eine Ellipse ergibt. Schneiden Sie ein Stück Krinoline in der exakten Form der Krone zuzüglich einem Zoll rundherum ab. Stecken Sie dies darüber, bauschen Sie es ein wenig auf und nähen Sie es mit einem Stichstich dicht unter dem Draht. Schneiden Sie überschüssiges Material auf einen Viertel Zoll ab.

STEIFE KRONENSPITZE AUS BUCKRAM – LEGEN SIE die Oberseite der Seitenkrone auf die glatte Seite des Buckrams und markieren Sie die Form mit einem Bleistift. Schneiden Sie Buckram einen halben Zoll außerhalb dieser Markierung ab. Um diese steife Kronenspitze nach unten zu falten, müssen als Nächstes aus diesem halben Zoll Buckram außerhalb der Bleistiftlinie kleine keilförmige Stücke im Abstand von etwa einem Zoll herausgeschnitten werden. Schneiden Sie sie nahe an der gezeichneten Linie ab. Stecken Sie dieses Teil oben auf die Krone, drücken Sie die Klappen nach unten und nähen Sie es mit einem Stichstich fest.

KRONEN —

Wenn eine runde Krone verwendet werden soll, empfiehlt es sich, für zehn Cent eine separate Krone oder ein Gestell mit runder Krone zu kaufen. Wenn Sie ein komplettes Gestell kaufen, entfernen Sie die Krone und verdrahten Sie die Unterkante. Nachdem der Student der Hutmacherei einige Fertigkeiten erworben hat, kann eine runde Stoffkrone von Hand über eine Drahtkrone geklebt werden.

UM EINE RUNDE KRONE ABZUDECKEN –

Stecken Sie das Material oben auf die Krone und schrägen Sie es vorne ab. Ziehen Sie mit der Geraden am Material und stecken Sie es knapp unter der Kante der Kurve fest. Nähen Sie einen halben Zoll darunter mit einem Stichstich und schneiden Sie den Stoff knapp unter dieser Naht ab. Stifte entfernen. Passen Sie ein schräges Stück Stoff an und verwenden Sie dabei die gleiche Methode und die gleichen Maße wie für die seitliche Krone aus Samtmatrosen in Kapitel II. Nähen Sie die Krone an die Krempe, bevor Sie die seitliche Kronenabdeckung anpassen. Ziehen Sie dieses Schrägstück über die Krone und stecken Sie es vorsichtig fest. Schließen Sie die Ober- und Unterseite dieses Bandes ab, indem Sie die Kanten über einen Draht drehen. Verwenden Sie denselben Stich wie beim Versäubern der Kante des Besatzes an der Krempe. 13-1 Dies ergibt ein ordentliches Finish für einen Hut, der nur wenig Zuschneiden erfordert. Wenn es für den Amateur zu schwierig ist, die Unterseite einer Seitenkrone auf diese Weise fertigzustellen, kann die

Kante mit einer Stofffalte oder einem schmalen Band abgedeckt werden; Die Oberseite kann auch mit einem schmalen Band abgeschlossen werden, die saubere Verarbeitung mit einem Draht sollte jedoch nach Möglichkeit beherrscht werden , da diese Art der Endbearbeitung an vielen Stellen verwendet wird.

7-1 Zum Schneiden von Drähten siehe Kapitel IV .

7-2 Zum Binden von Drähten siehe Kapitel IV .

13-1 Siehe Kapitel II .

KAPITEL II

ABDECKRAHMEN MIT SAMT

ALS MATERIAL wurden eineinhalb Meter Hutmachersamt oder ein beliebiger Samt mit einer Breite von 18 bis 24 Zoll benötigt. Wenn der verwendete Samt 36 Zoll breit ist, reicht ein Meter aus.

UM DIE KREMPE ZU BEDECKEN –

Platzieren Sie eine Samtecke vorne an der Krempe auf der Oberseite (glatte Seite). Kantendraht und Kopfdraht sollten immer oben auf der Krempe liegen. Den Samt über die Kante der Krempe legen und feststecken. Stecken Sie die Stecknadeln im rechten Winkel zur Krempe hinein, um den Samt nicht zu beschädigen. Den gesamten Rand der Krempe feststecken und mit dem Faden am Material ziehen, um eventuelle Fülle zu entfernen. Ziehen Sie nicht fest genug, um die Krempe zu verbiegen. Schneiden Sie den Samt etwa einen Viertel Zoll ab, um ihn unter die Krempe zu drehen. Den kopfgroßen Draht oben mit Stichstich festheften . Schneiden Sie den Samt innen aus dem kopfgroßen Draht heraus und lassen Sie einen halben Zoll übrig, um ihn einzuschneiden und mit dem Buckram nach oben zu drehen.

SO NÄHEN SIE DIE SAMTKANTE AN DIE KREMPE :

Dies sollte mit einem dichten Überwendlingsstich auf der Unterseite erfolgen , wobei darauf zu achten ist, dass der Stoff nicht bis zur rechten Seite des Samts durchsticht. Bei der Vorbereitung des Rahmens ist es manchmal ratsam, den Buckram mit der Nähmaschine etwa einen Viertel Zoll von der Kante her mit einem langen Stich einzunähen. Diese Naht kann dann zum Durchstechen der Nadel beim Nähen des Samts verwendet werden. Wenn der Samt auf der Unterseite nach dem Nähen dick und schwer aussieht, können Sie ihn mit einem heißen Bügeleisen nachbügeln. Wenn es schnell und leicht gemacht wird, wird es nicht auf der rechten Seite angezeigt.

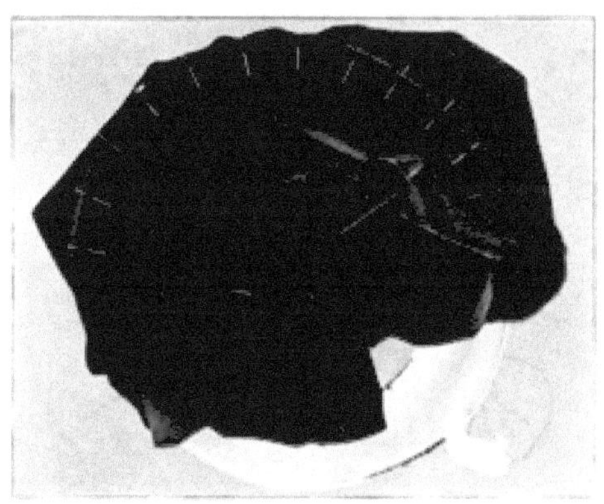

VERFAHREN ZUM ANPASSEN VON STOFF AN EINE GEFORMTE KREMPE ZEIGT

Unter die Krempe blicken –

Stecken Sie den Samt auf die Unterseite und verwenden Sie dabei die gleiche Methode wie oben auf der Krempe. Dies muss sehr sorgfältig festgesteckt werden. Schneiden Sie den Samt rund um die Kante ab und lassen Sie etwas *weniger* als einen Viertel Zoll zum Umbiegen übrig. Üblicherweise werden Beläge am Rand mit einem Draht abgeschlossen. Schneiden Sie ein Stück Rahmendraht auf den genauen Umfang der Krempe, plus 2,5 cm für die Überlappung, ab. Biegen Sie die Krempe in Form und stecken Sie sie unter die Samtkante, beginnend in der hinteren Mitte. Den Samt über den Draht rollen und bis zum Rand herausziehen. Stecken Sie es rundherum fest, bevor Sie mit dem Nähen beginnen. Stecken Sie die Stecknadeln im rechten Winkel zum Rand hinein. Ein Stück Samt in der linken Hand verhindert, dass sich Fingerabdrücke auf dem Samt abzeichnen. Beginnen Sie mit dem Nähen links an der Drahtverbindung und halten Sie dabei die Unterseite der Krempe zu sich hin. Führen Sie die Nadel von hinten dicht unter den Draht. Drücken Sie mit dem Nadelkopf den Samt unter dem Draht entlang, um eine Falte oder eine Art Bett für den Faden des nächsten Stichs zu schaffen. Machen Sie einen Stich von etwa einem halben Zoll, indem Sie die Nadel dicht unter den Draht führen und zwischen dem Draht und der oberen Verkleidung durchstechen. Gehen Sie mit einem sehr kleinen Rückstich wieder unter den Draht. Achten Sie dabei darauf, den Draht beim Nähen anzupassen und bei jedem Rückstich etwas von der oberen Abdeckung einzufangen. Wenn die Drahtverbindung erreicht ist, behandeln Sie die überlappten Enden als einen Draht. Befestigen Sie die Enden sicher, indem Sie mehrere kleine Rückstiche machen. Spitzendraht ist kleiner als der Rahmendraht und wird manchmal zum Abschluss der Verkleidungskante verwendet. Es sieht nicht so schwer aus, ist aber für einen Anfänger etwas schwieriger zu handhaben.

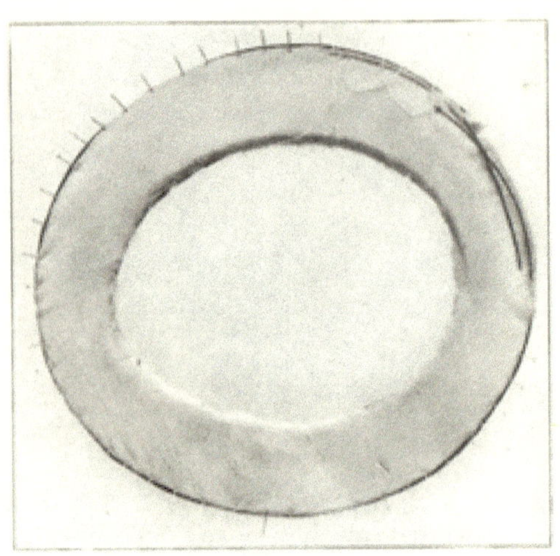

UNTER DEM BESATZ DER KREMPE, DIE ÜBER DRAHT FESTGESTELLT IST UND BEREIT ZUM NÄHEN IST

ZUM ABDECKEN DER KRONENOBERSEITE –

Um die Oberseite zu bedecken, schneiden Sie ein Stück Samt mit der Schräge nach vorne, in der gleichen Form wie die Oberseite der Krone, plus 2,5 cm rundherum. Kräuseln Sie einen Viertel Zoll von der Kante entfernt, legen Sie es darüber, glätten Sie die Kräuselungen, stecken Sie es fest und nähen Sie mit einem Stichstich über die Kräusellinie. Achten Sie darauf, dass die Kante möglichst flach aufliegt und ziehen Sie den Samt nicht zu fest über die Oberseite.

ZUM ABDECKEN DER SEITENKRONE –

Schneiden Sie ein Stück Samt schräg zu, etwa 5 cm breiter als die Höhe des Scheitels. Stecken Sie diesen Streifen mit der linken Seite nach außen um den seitlichen Scheitel herum fest, um die Länge zu ermitteln und die Naht zu lokalisieren. Ziehen Sie es eng an und stecken Sie die Naht mit Kettfaden auf die gerade Stoffbahn. (Kettfaden verläuft parallel zur Webkante.) Samt entfernen und Naht nähen. Öffnen Sie es und drücken Sie es, indem Sie es über die Kante eines heißen Bügeleisens ziehen.

KRONE AN DIE KREMPE NÄHEN –

Die einfachste Vorgehensweise besteht darin, die Krone an der Krempe festzunähen, bevor die seitliche Kronenabdeckung angepasst wird. Stecken Sie die Rückseite, die Vorderseite und jede Seite der Krone an die Krempe und platzieren Sie die Nähte hinten. Nähen Sie durch die umgedrehten Klappen von Krempe und Krone, einen Viertel Zoll vom unteren Draht entfernt. Ziehen Sie den Samtstreifen für den seitlichen Scheitel über den Scheitel und platzieren Sie die Naht hinten, es sei denn, es ist ein Beschneiden geplant, das die Naht besser abdeckt, wenn sie an einer anderen Stelle platziert wird. Drehen Sie die Ober- und Unterkanten nach unten, damit sie an die seitliche Krone passen, und drücken Sie die untere Falte bis nahe an die Krempe nach unten. Wenn dieses Band fest genug sitzt, ist es nicht notwendig, es zu nähen.

Eine mit Samt oder einem anderen Stoff bezogene Krempe kann auch ohne Draht darunter verarbeitet werden, wobei die Kanten mit Steppnähten zusammengenäht werden. In diesem Fall würde die Unterlage um weniger als einen Viertel Zoll umgedreht und rundherum festgesteckt werden, bevor mit dem Nähen begonnen wird. Führen Sie die Nadel von der Unterseite des Besatzes bis zum äußersten Rand der Falte durch. Platzieren Sie die Nadelspitze direkt gegenüber dieser Masche und machen Sie einen kleinen Stich in den oberen Besatz und dann einen kleinen Stich in den unteren Besatz . Jeder Stich beginnt immer genau gegenüber dem Ende des vorherigen Stichs, sodass der Faden zwischen den beiden Besätzen die Naht im rechten Winkel zur Krempenkante kreuzt. Durch diese Methode sieht die Arbeit glatt aus und sie verrutscht nicht. Allerdings ist diese Art der Kantenbearbeitung nicht beliebt und erfordert viel Übung.

ZUM BEDECKEN VON MATROSEN MIT SCHMALER KREMPE OHNE RANDNAHT –

Diese Methode kann nur dann zufriedenstellend angewendet werden, wenn die Krempe schmal und der Stoff biegsam ist. Der Einfachheit halber geben wir die Maße für einen Flachsegler mit einer Krempe von zweieinhalb Zoll und einer Außenkante von 40 Zoll an. Schneiden Sie ein schräges Stück Samt mit einer Länge von 100 cm und einer Breite von 17 cm zu. Falten Sie diesen Samt der Länge nach durch die Mitte und stecken Sie alle drei Zoll Stecknadeln durch die Faltkante im rechten Winkel zur Kante und nah an der Kante. Damit wird die Linie markiert, die am Rand der Krempe angebracht werden muss. Wenn der Samt nicht gleichmäßig platziert wird, entsteht auf einer Seite mehr Fülle als auf der anderen. Legen Sie Samt über die Krempe und stecken Sie die Kante an den mit Stecknadeln markierten Stellen fest. Dehnen Sie sich so fest wie möglich. Bei einer Krempe dieser Breite sollte die gesamte Fülle herausgearbeitet werden. Wenn sich dies als sehr schwierig erweist, legen Sie die Krempe mit festgestecktem Samt für eine Stunde oder über Nacht beiseite, dann wird sich herausstellen, dass der Samt etwas mehr nachgibt. Entfernen Sie so viel Länge wie möglich. Lokalisieren Sie die Naht, entfernen Sie sie vom Rahmen, nähen Sie die Naht und ersetzen Sie sie wie zuvor. Nähen Sie die Oberseite nahe am kopfgroßen Draht an und achten Sie darauf, dass die gesamte Fülle möglich ist. Unterteil auf Kopfgröße hochziehen . Nähen Sie einen viertel Zoll über dem kopfgroßen Draht an die Laschen. Achten Sie dabei darauf, den Faden nicht zu fest zu ziehen, da sonst der kopfgroße Draht kleiner wird.

VERKLEIDUNGEN —

Eine ansprechende Abwechslung erhält man manchmal durch die Verwendung einer farbigen Unterlage auf einem schwarzen Hut. Der gesamte Besatz kann eine Kontrastfarbe haben oder sich nur vom kopfgroßen Draht bis auf einen Zoll an den Rand der Krempe erstrecken. In diesem Fall könnte es sich um einen 1,5 Zoll breiten Materialstreifen handeln, der dem Obermaterial entspricht und am Rand der Krempe mit einem Draht versehen ist. Dann würde die farbige Verkleidung mit einem weiteren Draht über die Kante hinweg fertiggestellt.

KREMPEN MIT ZWEI STOFFARTEN BEZOGEN —

Eine flache Krempe oder eine Pilzform wird oft durch die Verwendung von zwei Stoffen abgedeckt, die die gleiche Farbe oder kontrastierende Farben haben können. Auf diese Weise können oft kleine Stücke alten Materials konserviert werden und der Hut hat gleichzeitig viel Charme. Zum Beispiel könnte am Hutrand ein zwei oder mehr Zoll breites Schrägband aus Satin angebracht sein, das um den Rand der Krempe gespannt ist, während der Rest der Krempe mit Samt bedeckt ist, der den Satin überlappt und oben mit einem Draht abgeschlossen ist und unten, oder nur auf einer Seite. Die Unterseite der Krempe kann auf die gleiche Weise bearbeitet werden, oder der Besatz kann bis zum Rand herausgeführt und mit einem Draht versehen werden.

GEFORMTES KREMPENFUNDAMENT —

Die einfachste *Form* der Krempe ist die Pilzkrempe.

MUSTER FÜR DIE KREMPE ANFERTIGEN —

Erstellen Sie ein Papiermuster wie für den Matrosen mit gerader Krempe. Messen Sie dasselbe für den kopfgroßen Draht, verbinden Sie die Drahtenden, formen Sie ihn passend zum Kopf und stecken Sie ein Papiermuster in beliebiger Breite auf. Damit die Krempe herabhängt, schneiden Sie das Muster vom Rand bis zum kopfgroßen Draht an vier verschiedenen Stellen mit gleichem Abstand ein. Überlappen Sie diese Schlitze am Rand um einen Zentimeter und stecken Sie sie fest. Das Muster kann bei Bedarf auch an acht oder mehr verschiedenen Stellen geschlitzt werden, wobei die Schlitze durch mehr oder weniger Überlappung angepasst werden, je nachdem, wie groß die Durchbiegung sein kann.

Nachdem das Muster zufriedenstellend eingestellt ist, markieren Sie mit einem Bleistift rundherum die Innenseite des kopfgroßen Drahtes. Entfernen Sie den Draht und schneiden Sie das Papier an dieser Linie ab.

Schneiden Sie das Muster auf der Rückseite in zwei Teile und legen Sie es flach auf die glatte Seite des Buckrams, wobei Sie die Stecknadeln in den Schlitzen lassen. Schneiden Sie nah an der Außenkante ab und lassen Sie an den Enden einen Viertel Zoll für die Überlappung ein. Markieren Sie den Buckram mit einem Bleistift nahe der Kopfgrößenlinie und schneiden Sie einen halben Zoll innerhalb dieser Markierung ein. Die Überlappung endet 1/4 Zoll lang und näht an jeder Kante der Klappe eng zusammen. Nähen Sie einen Krinolinestreifen flach über die Naht, um sie zu glätten. Nähen Sie den kopfgroßen Draht an der markierten Stelle an, die einen halben Zoll von der Innenkante entfernt sein wird. Behalten Sie alle Verbindungen auf der Rückseite. Schneiden Sie den Buckram von der Innenkante bis zum kopfgroßen Draht alle halben Zoll durch. Rand der Krempe verdrahten und Draht mit Krinoline bedecken – die gleiche Methode wie bei der Matrosenkrempe.

Um eine pilzförmige Krempe abzudecken –

Wenn es nicht sehr durchhängt, kann es abgedeckt werden, ohne dass eine Naht im Material entsteht. Legen Sie dazu zunächst die Stoffecke vorne auf die Krempe. Stecken Sie die Vorderseite, die Rückseite und jede Seite fest, ziehen Sie dabei immer am Faden des Stoffes und stecken Sie den Stoff eng an der Kante fest, wobei die Stifte im rechten Winkel zum Rand stehen. Bei einem Bezug aus Georgette, Satin oder Seide, die geschmeidig ist, kann die Fülle ganz ohne Naht ausgearbeitet werden. Naht am kopfgroßen Draht festnähen und die Kante nach der gleichen Methode wie beim Fertigstellen der Matrosenkrempe fertigstellen. Befolgen Sie die gleiche Methode auch beim Beschichten. Wenn das verwendete Material nicht biegsam ist oder die Krempe zu stark herunterhängt, um eine gleichmäßige Dehnung des Materials zu ermöglichen, muss auf der Rückseite eine Naht angebracht werden. Die Methode wäre die gleiche wie beim Abdecken der gerollten Krempe.

Transparente Materialien –

Wenn Sie etwas so Transparentes wie Georgette bedecken, ist es ratsam, es zuerst mit einem anderen Material auszukleiden. Die Farbe kann durch die Verwendung eines gleichfarbigen Futters intensiver oder durch weißes Futter blasser gemacht werden. Das Futter sollte mit dem Außenmaterial angepasst und vernäht werden.

Schnittmuster für Hut mit gerollter oder eng anliegender Krempe –

Das Muster für jeden Hut wird zunächst aus einem flachen Stück Papier ausgeschnitten. Die Kopfgröße ist wie beim Flachsegler markiert und der Kopfgrößendraht ist festgesteckt. Das Muster wird dann von der

Außenkante bis zum kopfgroßen Draht eingeschnitten , die Schnitte werden überlappt und festgesteckt. Soll der Hut auf einer Seite enger gerollt werden als auf der anderen, müssen dort die meisten Schrägstriche angebracht werden. Auf diese Weise kann das Muster an jede gewünschte Form angepasst werden. Manchmal ist es von Vorteil, das Papiermuster auf der Rückseite durchzuschneiden, dabei Stecknadeln in den Schlitzen zu lassen und es dann flach auf ein anderes Blatt Papier zu legen, um ein neues Muster zu erstellen. Dadurch entfallen einige Schrägstriche und die weiteren Experimente werden einfacher. Das Anfertigen von Mustern ist sehr wichtig und es ist äußerst wertvoll, so viele Muster wie möglich anzufertigen, bevor der Grundstoff zugeschnitten wird. Die kleinste Änderung eines Musters macht manchmal einen großen Unterschied in seiner Wirksamkeit. Natürlich kann eine Krempe geändert werden, indem man ein oder zwei Schlitze in den Buckram einfügt oder indem man eine V-Form einfügt, um mehr Weite zu erzielen, aber je weniger Nähte, desto besser für den Hutrahmen. Eine gerollte oder eng anliegende Krempe ist schwieriger abzudecken als eine Matrosen- oder Pilzform.

Zum Abdecken einer eng anliegenden oder gerollten Krempe
–

Legen Sie die Stoffecke vorne auf die Krempe und stecken Sie die Kante fest. Benutzen Sie beim Fixieren am Rand immer die gleiche Methode wie in der ersten Lektion. Ziehen Sie das Material bis zum kopfgroßen Draht und Stift herunter. Den Stoff glatt nach links ausarbeiten und am Rand feststecken; auch am Headsize- Draht. Gehen Sie dann in gleicher Weise nach rechts vor und stecken Sie dabei immer eng fest. Achten Sie *darauf* , dass das Material sowohl am Rand als auch am Kopfdraht fest und glatt bleibt . Erlaube der Fülle, wohin sie will. Die Naht sollte sich in der hinteren Mitte befinden. Schneiden Sie alles überflüssige Material ab und lassen Sie in der hinteren Mitte eine Naht von etwa 8 cm frei. Drehen Sie die Schnittkanten an der Naht voneinander weg und nähen Sie sie sauber zusammen.

STEPPSTICHNAHT –

Führen Sie die Nadel durch die Faltkante auf einer Seite und führen Sie die Nadel durch die Faltkante auf der anderen Seite genau gegenüber ein. Führen Sie die Nadel in dieser Falte 1/8 Zoll entlang, führen Sie dann die Nadel bis zum Rand der Falte durch und machen Sie einen Stich von 1/8 Zoll Länge in der Falte auf der anderen Seite. Achten Sie dabei immer darauf, den Stich zu beginnen genau gegenüber dem Ende des vorhergehenden. Versuchen Sie, das Material in einem Stück aus dem Kopfdraht herauszuschneiden , damit es für etwas anderes verwendet werden kann. Untersuchen Sie das Material sorgfältig, um sicherzustellen, dass es perfekt passt. Mit einem Stichstich nah am Kopfdraht auf der Außenseite festnähen; Entfernen Sie alle Stifte so schnell wie möglich. Nach dem Heften werden Sie manchmal feststellen, dass das Material am Rand noch etwas angepasst werden muss. Schlagen Sie den Samt etwa einen Viertel Zoll über die Kante und nähen Sie ihn mit einem Überwendlingsstich fest.

SAMT AN DEN RAND KLEBEN –

Wenn es bis zum Rand eine ausgeprägte Rolle gibt, ist es manchmal sehr schwierig, den Samt glatt zu halten und dicht am Rand anliegen zu lassen, deshalb greifen wir auf Hutmacherkleber zurück. Verwenden Sie keinen Kleber auf Satin oder auf Stoffen, die dünner als Samt sind, oder auf anderen Rahmen als Buckram. Beim Aufkleben des Samts sollte immer darauf geachtet werden, dass die glatte Seite des Buckrams oben liegt.

Nachdem Sie den Samt sorgfältig angepasst und die Naht auf der Rückseite genäht haben, entfernen Sie die Stifte von der Außenkante und raffen Sie den Samt innerhalb des Kopfumfangs zusammen , wo er festgehalten werden soll, während der Kleber auf dem Buckram verteilt wird. Der Kleber muss sehr gleichmäßig verteilt werden. Es ist einfacher, die Naht des Samts aufzukleben, bevor Sie fortfahren. Achten Sie darauf, dass der Kleber nicht auf die rechte Seite des Samts gelangt. Als nächstes reiben Sie den Kleber mit einer steifen Bürste auf dem Rahmen, bis er glatt ist, verteilen Sie dann den Samt wieder an seinem Platz und drücken und glätten Sie ihn mit den Händen vom Kopfdraht nach außen. Achten Sie sorgfältig auf Stellen, an denen nicht genügend Kleber vorhanden ist, da sich das Material möglicherweise anhebt, bevor es trocken ist, und mehr Kleber hinzugefügt werden kann. Nähen Sie die Kante erst, wenn der Kleber getrocknet ist. Normalerweise muss nur das Material auf der Oberseite der Krempe festgeklebt werden. Der Besatz kann nach Belieben angebracht werden. Manchmal weist die Oberseite einer Krone Vertiefungen auf, und dann kann der Samt geklebt werden, damit er an Ort und Stelle bleibt.

Die Unter- oder Außenverkleidung kann leichter an einer gerollten oder eng anliegenden Krempe angebracht werden als die Oberseite. Beginnen Sie vorne mit der Ecke des Materials und stecken Sie die Kante und den Kopfdraht fest . Halten Sie das Material glatt; Arbeiten Sie von rechts nach links und dann von links nach rechts. Arbeiten Sie das Material rund um die Stelle, an der die Naht erfolgen soll. Schneiden Sie alles überflüssige Material ab und lassen Sie etwa drei Achtel Zoll für eine Naht übrig. Steppstiche wie oben zusammennähen und die Kante über dem Draht versäubern. Wann immer möglich, sollte eine Naht auf der geraden Seite des Materials erfolgen .

EINE GERAFFTE STOFFKRONE –

Es gibt zwei Methoden zur Herstellung einer gerafften Stoffkrone, bei der Taft, Satin, Georgette oder Samt verwendet werden können. Samt ist auf diese Weise besonders schön konfektioniert. Die erste Methode ist die bevorzugte. Schneiden Sie ein kreisförmiges Stück Material mit einem Durchmesser ab, der der Länge der Krone von vorne nach hinten entspricht, gemessen über die Oberseite des kopfgroßen Drahtes, plus 10 cm.

Markieren Sie auf der Rückseite des Materials Kreise (konzentrisch) im Abstand von einem halben Zoll, nachdem Sie zuvor in der Mitte einen Kreis mit einem Durchmesser von etwa drei Zoll markiert haben. Sammeln Sie die Linie jedes Kreises mit einem feinen Laufstich und führen Sie den Faden nach der Fertigstellung jedes Kreises auf die rechte Seite.

Suchen Sie die genaue Mitte der Kronenoberseite und schneiden Sie an dieser Stelle ein kleines Loch. Ziehen Sie den Faden des kleinsten Kreises fest nach oben. Dadurch entsteht ein Beutel, der durch das Loch in der Mitte der Kronenoberseite nach unten gezogen und festgenäht werden sollte. Das Material sollte an vier gleichen Punkten am Rand der Krone festgesteckt und die Fäden der anderen Kreise nach oben gezogen werden, bis das Material eng an der Krone anliegt. Passen Sie die Mehrweite gleichmäßig an und nähen Sie fest. Dies ist eine hervorragende Möglichkeit, altes Material aufzubrauchen, das sonst Flecken oder andere Mängel aufweisen würde.

Die zweite Methode ergibt keinen so erfreulichen Effekt, kann aber verwendet werden, wenn das Material zufällig eine solche Form hat, dass kein Kreis daraus geschnitten werden kann. Am Längsfaden des Materials sollte ein Schrägstreifen befestigt werden, der etwa 20 cm breit und lang genug ist, um um den Scheitel herum zu reichen, plus 7 bis 10 cm. Die erste Kräuselung oder Raffung sollte einen halben Zoll von der Kante entfernt erfolgen, die zusätzlichen Fäden sollten gleichmäßig alle halben Zoll eingearbeitet werden. Anschließend wird der erste Faden in Randnähe so straff wie möglich hochgezogen und dieser Rand durch das Loch oben in der Krone geschoben. Diese Methode erfordert eine etwas größere Öffnung als die erste. Anschließend wird das Material an der Außenseite heruntergezogen und an der Unterseite der Krone festgesteckt; Anschließend werden die Fäden festgezogen und befestigt. Passen Sie anschließend die Kräuselungen gleichmäßig an und nähen Sie sie fest.

KAPITEL III

RAHMEN AUS NETEEN UND CRINOLINE

LEGEN SIE das Muster so auf das Netz , dass die Schräge dort liegt, wo die größte Rolle sein soll, und schneiden Sie es dann mit den gleichen Toleranzen aus, als ob Sie es aus Buckram schneiden würden. Um optimale Ergebnisse zu erzielen, sollte dieses Material doppelt verwendet werden. Schneiden Sie zuerst eine Dicke ab und stecken Sie diese so auf ein anderes Stück, dass der Kettfaden des einen Stücks parallel zum Schussfaden des anderen liegt. Schneiden Sie die beiden Stücke auf die gleiche Größe zu und heften Sie vor dem Entfernen der Stecknadeln den gesamten Rand mit feinem Faden fest, so dass Stiche von 2,5 cm entstehen. Hierfür sollte ein feiner Faden verwendet werden, da ein grober Faden durch die Bespannung hindurchscheinen könnte.

SO VERBINDEN SIE DIE NAHT AUF DER RÜCKSEITE :

Legen Sie eine Stoffbahn zwischen die anderen beiden Enden und nähen Sie eng zusammen. Diese Methode sollte eine ziemlich glatte Naht ergeben. Decken Sie die Naht mit einem Krinolinestreifen ab, um sie zu glätten.

SO NÄHEN SIE KANTENDRAHT AN EIN NETZ :

Es ist schwierig, Kantendraht auf Netzstoff zu nähen . Ein gutes Ergebnis erhält man jedoch, wenn man den Draht direkt am Rand annäht oder indem man zuerst den Rand mit Krinoline abdeckt und den Draht daran festnäht. Beim Umgang mit Neteen ist große Vorsicht geboten, um die Form zu erhalten, da es sich beim Annähen des Kantendrahts sehr leicht dehnt und aus der Form zieht. Beim Bespannen eines Netteen- Rahmens wird die gleiche Methode angewendet wie beim Buckram-Rahmen. Der Samt kann, wenn Samt verwendet wird, aufgeklebt werden, allerdings ist das Material so porös, dass es nicht sehr zufriedenstellend ist. Neteen und Krinoline eignen sich hervorragend als Grundlage für Zopfhüte, da diese Materialien leicht, weich und biegsam sind. Auch für Kindermützen eignen sie sich sehr gut.

NETTEEN ODER KRINOLINE HERSTELLEN –

Machen Sie die Seitenkrone aus einer Schrägfalte aus Netzstoff oder Krinoline in der gewünschten Höhe plus 2,5 cm. Die Länge sollte der Kopfgröße plus einem halben Zoll entsprechen. Dies ermöglicht eine kleine Ausbuchtung neben dem Gesicht, die normalerweise ansprechender wirkt. Verbinden Sie die Enden der Schrägstreifen mit dem Kettfaden.

TURBANFACKEL VERDRAHTEN –

Nähen Sie den Draht für die Kopfgröße 2,5 cm von der Unterseite entfernt an und achten Sie darauf, dass der Stoff nicht gedehnt oder überfüllt wird. Schneiden Sie ein weiteres Stück Stützdraht ab, das ein bis zwei Zoll größer ist als der Draht für die Kopfgröße , und nähen Sie die offene Kante unten an. Dehnen Sie den Stoff, damit er passt, wenn eine Aufweitung gewünscht wird. Eine Rolle kann durch leichtes Walken des Stoffes auf dem Draht hergestellt werden, der kleiner sein muss als bei einer Fackel. Wenn die Seite der Krone leicht nach innen gebogen werden soll, können Sie dies ganz einfach erreichen, indem Sie die Seite etwa in der Mitte zwischen Ober- und Unterseite abkleben und das Band so fest wie nötig anziehen. Stecken Sie anschließend das Band fest und nähen Sie es fest. Nähen Sie einen weiteren Draht hoch genug über das Band, um die Krone auf die gewünschte Höhe zu bringen. Soll die Krone oben etwas ausgestellt werden, nähen Sie den Draht innen ein und dehnen Sie den Stoff so weit wie gewünscht. Wenn die Oberseite der Krone eingezogen werden soll, nähen Sie den Draht außen an, sodass die Krone oben etwas kleiner wird. Wenn oben genügend Material vorhanden ist, kann die zusätzliche Menge über einen kleinen Drahtkreis gezogen werden, um die Kronenoberseite herzustellen, aber ein zusätzlicher Stückschnitt für diesen Zweck ist zufriedenstellender. Eine glatte Krone kann aus einem zusätzlichen Stück hergestellt werden, das über die Oberseite genäht wird, nachdem die Seite fertig ist.

TURBANE BEDECKEN –

Turbane gibt es in vielen Ausführungen und eignen sich besonders für die Matrone. Auf ihnen werden oft schwule Bezüge verwendet, wenn sie auf einem größeren Hut fehl am Platz wären. Es kann jedoch jedes beliebige Material verwendet werden; Zöpfe, allein oder in Kombination mit Stoff. Es werden Samt, Georgette, Satin und Taft verwendet. Ein Turban, der vollständig mit flach angenähten Blumen bedeckt ist, ergibt einen bezaubernden Hut: Der untere Rand sieht immer besser aus, wenn er zuerst mit einem schrägen Stück Samt zusammengebunden wird, egal, um welche Bedeckung es sich handelt – er scheint dem Gesicht ein weicheres Aussehen zu verleihen. Eine runde Krone aus Buckram ergibt einen guten Turban-Rahmen, wenn an der Unterkante ein zwei Zentimeter breiter Schrägstreifen aus Krinoline angenäht wird, um ihm etwas Aufweitung zu verleihen. Ein Rahmen dieser Art kann mit Samt, Satin, Georgette oder einem anderen geschmeidigen Material drapiert werden, und wenn es geschickt gemacht wird, ist der Effekt wirklich wunderschön.

KAPITEL IV

DRAHTRAHMEN

AUSRÜSTUNG

- Spanndraht oder Rahmendraht

- Kabelbinder

- Federdraht

- Zange

UM EINE DRAHTSPULE ZU ÖFFNEN –

Halten Sie die Spule in der linken Hand; Lösen Sie den Verschluss und lassen Sie ihn in der Hand allmählich lockern. Führen Sie es über den Arm und klopfen Sie darauf, bis sich die Windungen trennen.

DRAHT SCHNEIDEN –

Legen Sie den Draht fest und direkt zwischen die Backen der Zange an der Stelle, an der sie schneiden, und drücken Sie ihn gerade nach unten. Stellen Sie sicher, dass Sie beim ersten Versuch schneiden. andernfalls wird beim Abhandeln des Drahtes die Zange verletzt und die Umhüllung an den Enden des Drahtes wird gelöst, so dass es unmöglich wird, sie zusammenzubinden.

DRAHT BEGRADIGEN –

Führen Sie den Draht mit einer schwungvollen Bewegung zwischen Daumen und Finger hindurch. Wenn die Finger empfindlich werden, kann ein Stück Stoff oder Papier in der Hand gehalten werden. Machen Sie beim Versuch, den Draht zu glätten, keine kleinen Dellen in den Draht, da diese dann nicht mehr entfernt werden können.

DRAHT BINDEN –

Enden des Stützdrahtes parallel.

Rechte Winkel diagonal gebunden.

Spanndraht ohne Verwendung von Bindedraht festgebunden .

Bevor Sie mit der Herstellung eines Drahtrahmens beginnen, sparen Sie Zeit und sammeln die nötige Erfahrung, indem Sie einige kurze Drahtstücke zusammenbinden, bis eine stabile Verbindung hergestellt werden kann. Schneiden Sie fünfzig oder mehr Stücke des Kabelbinders mit einer Länge von drei Viertel Zoll ab. Schneiden Sie zwei zwei bis drei Zoll lange Stücke der Strebe oder des Rahmendrahts ab. Überlappen Sie die Enden des dicken Drahtes einen Zentimeter lang und legen Sie dann eines dieser Kabelbinderstücke einmal so nah wie möglich am Ende des Stützdrahtes um. Mit der linken Hand festhalten und mit dem Ende der Zange die Enden des Verbindungsdrahtes so nah wie möglich am Stützdraht fassen und festdrehen, bis sich die Verbindung fest anfühlt. Setzen Sie die Zange etwas zurück und drehen Sie sie mehrmals, bis ein kleines Kabel entsteht. Schneiden Sie dies ab und lassen Sie ein Achtel-Zoll-Ende übrig. Drücken Sie dieses Ende mit den Backen der Zange flach nach unten. Binden Sie das andere Ende auf die gleiche Weise zusammen. Üben Sie dies, bis sich problemlos eine zufriedenstellende Verbindung herstellen lässt, bevor Sie versuchen, einen Rahmen aus Draht herzustellen.

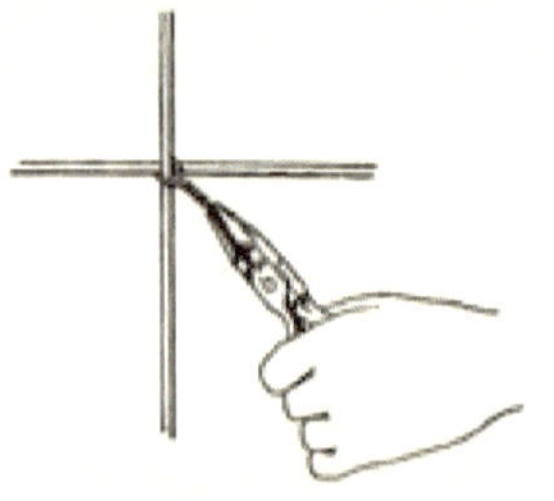

ZUM BINDEN VON ZWEI DRÄHTEN MIT DRAHT

UM ZWEI DRÄHTE DIAGONAL MIT VERWENDUNG EINES BANDDRAHTS ZU BINDEN

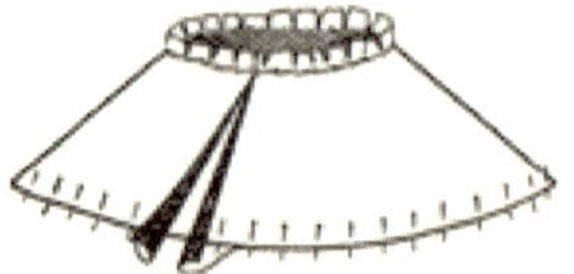

VERFAHREN ZUR HERSTELLUNG EINES PAPIERMUSTERS FÜR HÄNGENDE KREMPE

VERFAHREN ZUM BEFESTIGEN VON STOFF AN HÄNGENDER KREMPE

MIT GEFLOCHTEN ÜBERZOGENE KREMPE, DIE DIE

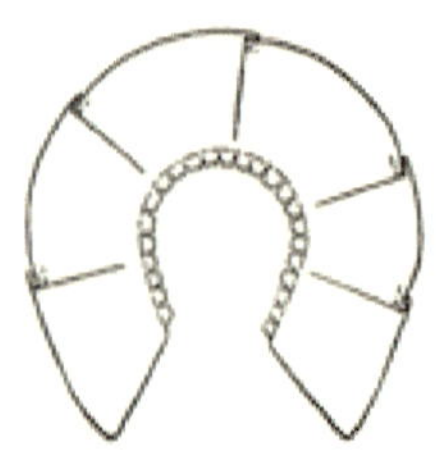

In Falten gestecktes Muster für geformte Krempen aus

METHODE ZUM
FÜLLEN IN KURZEN
LÄNGEN ZEIGT, WENN
DER UNTERSCHIED IN
DER BREITE DER
BEIDEN SEITEN SEHR
GROSS IST

Stoff. Die Abbildung zeigt
ein Muster, das auf Buckram
befestigt und zum Schneiden
bereit ist

ZUR DIAGONALEN BEFESTIGUNG ZWEIER ABSPANNDRAHTSTÜCKE –

ZUM BEFESTIGEN ZWEIER ABSPANNDRAHTSTÜCKE OHNE VERWENDUNG VON KABELBINDERN –

Halten Sie den Drahtstrang im rechten Winkel dazu an den Draht, an dem er befestigt werden soll, so dass er etwa zweieinhalb bis drei Zoll über den Punkt hinausragt, an dem die Drehung erfolgen soll. Drücken Sie das Ende gerade nach hinten, nah am und parallel zum anderen Ende des Drahtes. Das Ende sollte anderthalb Runden dauern. Drücken Sie mit den Backen der Zange parallele Drähte in der Verdrillung zusammen und ziehen Sie die Verdrillung fest. Schneiden Sie das Ende knapp ab und drücken Sie das Ende mit der Zange flach nach unten.

HERSTELLUNG EINES DRAHTGESTELLS FÜR EINEN HUT MIT FLACHER KREMPE UND QUADRATISCHER KRONE –

Denken Sie immer daran, dass es die Arbeit erheblich vereinfacht, wenn Sie zunächst für jeden Hut ein Papiermuster erstellen. Ein Hut wird selten so hergestellt, dass alle Abschnitte der Krempe gleich breit sind, und dies ist ein wichtiger Grund, warum es zufriedenstellender ist, zunächst ein Papiermuster anzufertigen.

MUSTER FÜR KREMPE –

Erstellen Sie ein Muster wie für einen Matrosen mit gerader Krempe. Achten Sie dabei darauf, das Muster von vorne nach hinten in zwei Hälften zu falten und scharfe Knicke zu machen. Die Hälften zu Vierteln und die Viertel zu Achteln falten und falten. Damit wird die Position der Drahtspeichen in der Krempe bestimmt. Die acht Falten entsprechen den acht Speichen in der Krempe; Dies ist die richtige Anzahl an Speichen.

KOPFGRÖSSENDRAHT FÜR DRAHTRAHMEN –

Für einen Drahtrahmen sind zwei kopfgroße Drähte erforderlich. Schneiden Sie also zwei gleichgroß ab. Denken Sie immer daran, dass der kopfgroße Draht der wichtigste Draht in jedem Hut ist, da der Komfort des Trägers von den für diesen Draht vorgenommenen Maßen abhängt. Messen Sie wie bei einem Stoffhut die Kopfgröße , überlappen Sie die Enden 2,5 cm und binden Sie sie zusammen. Probieren Sie diese Drähte an und formen Sie sie so, dass sie zum Kopf passen. Sie sollten normalerweise um zwei Zoll verlängert sein.

Stecken Sie den kopfgroßen Draht auf das Papiermuster und platzieren Sie die Verbindung auf der hinteren Falte und die genaue Mitte der Vorderseite des Drahtes auf der vorderen Falte. Stecken Sie anschließend die Seiten fest und achten Sie darauf, dass der Draht so geformt ist, dass er zum Kopf passt. Lassen Sie einen halben Zoll in den Draht hinein und schneiden Sie jeden halben Zoll heraus, um den Draht in Kopfgröße zu erhalten . Das Muster kann nun am Kopf ausprobiert werden, um gegebenenfalls Änderungen vorzunehmen. Das Krempenmuster kann hinzugefügt oder weggeschnitten werden.

ARBEITSMESSUNGEN ERFORDERLICH –

Machen Sie eine Bleistiftmarkierung auf dem Muster rund um den kopfgroßen Draht. Bevor Sie den Draht entfernen, markieren Sie die acht verschiedenen Punkte, an denen er die Falten im Papiermuster kreuzt. Entfernen Sie den Draht aus dem Muster.

STÖCKE FÜR DIE KREMPE –

Richten Sie vier Stücke Rahmendraht gerade aus und schneiden Sie sie auf die Länge des Krempendurchmessers plus drei Zoll für die Endbearbeitung ab. Platzieren Sie einen dieser Stäbe von vorne nach hinten über den kopfgroßen Draht auf den mit dem Bleistift markierten Markierungen, sodass die Enden gleich lang sind. Mit Kabelbinder am Kopfgrößendraht befestigen. Legen Sie den nächsten Stab hin und her und verbinden Sie ihn mit den Bleistiftmarkierungen. Wenn die beiden verbleibenden Stäbchen auf die verbleibenden Markierungen gelegt werden, teilen sie den Kreis in Achtel. Dies wird als Skelett der Krempe bezeichnet; Die Drähte heißen *vorne* , *hinten* , *rechts* , *links* , *rechts vorne* , *rechts hinten* , *links vorne* , *links hinten* . Die Position dieser Enden oder Speichen sollte mit den Falten im Papiermuster übereinstimmen, und die Länge jeder einzelnen sollte durch Messen der entsprechenden Falte im Muster bestimmt werden.

RANDDRAHT –

Schneiden Sie einen Kreis aus Klammerdraht mit der genauen Länge des Krempenumfangs plus 2,5 cm für den Überschlag und die Bindung ab. Legen Sie dieses dicht an den Rand des Musters und markieren Sie mit Bleistift die Stellen, an denen jede Falte sie berührt. Behalten Sie dabei immer die zusammengebundenen Enden an der hinteren Falte bei. Wenn diese Maße sorgfältig durchgeführt werden, entspricht die Krempe genau dem Muster.

KANTENDRAHT VERBINDEN –

Beginnen Sie hinten und platzieren Sie die Markierung auf dem Kantendraht der hinteren Speiche an der Bleistiftmarkierung. Drehen Sie das Ende der Speiche eineinhalb Mal um den Randdraht und ziehen Sie die Drehung mit den Backen der Zange fest. Schneiden Sie das Ende knapp ab und drücken Sie das abgeschnittene Ende mit der Zange flach. Als nächstes beenden Sie die mittlere vordere Speiche, dann die Seiten und die dazwischen liegenden Speichen. Von der Genauigkeit bei der Herstellung eines akzeptablen Drahtrahmens hängt viel ab. Fügen Sie zwischen dem Kantendraht und dem Kopfdraht so viele Drahtkreise hinzu, wie gewünscht, und befestigen Sie sie mit einem Kabelbinder an den Speichen. Lassen Sie alle Drahtüberlappungen hinten an der mittleren Speiche.

KREMPENKRAGEN –

Schneiden Sie den Draht innerhalb des Kopfgrößendrahtes in der Mitte ab. Drehen Sie diese Drähte eineinhalb Mal um den kopfgroßen Draht und bringen Sie die Enden im rechten Winkel zum kopfgroßen Draht nach oben. Verbinden Sie den zweiten kopfgroßen Draht mit der Oberseite dieser Drähte und verwenden Sie dabei die gleiche Methode wie beim Verbinden des Randdrahts. Dieser Kragen kann sehr niedrig oder so hoch gemacht werden, wie es die Drähte zulassen. Eine separate Krone aus Draht wird nicht immer bei einem Hut verwendet, der mit sehr transparentem Material oder transparentem Geflecht bedeckt ist. In einem solchen Fall würde der Kragen so hoch wie möglich gemacht werden, um eine Unterstützung für den Kronenbesatz zu bieten.

QUADRATISCHE KRONE FÜR DRAHTGESTELL –

Richten Sie den Zahnspangendraht gerade aus und schneiden Sie vier Stäbchen oder Stücke ab, die lang genug sind, um von der Basis der Krone an der Vorderseite nach oben über die geplante Krone bis zur Basis der Krone an der Rückseite zu reichen, sodass für die Endbearbeitung 20 cm übrig bleibt. Schneiden Sie einen kleinen Kreis aus Klammerdraht mit einem Durchmesser von etwa sieben Zentimetern ab und verbinden Sie ihn für die Kronenoberseite. Legen Sie die vier Stäbchen über diesen Kreis, teilen Sie ihn wie am Anfang der Krempe in acht gleiche Abschnitte und verbinden Sie die Stäbchen mit Bindedraht. Schneiden Sie ein Stück Stützdraht ab, das einen Zoll kleiner ist als der Draht in der Kopfgröße . Überlappen Sie die Enden und binden Sie diesen Draht zusammen. Etwas verlängern. Verbinden Sie die Stäbchen außerhalb des kleinen Kreises. Behalten Sie alle überlappten Enden der Kreise auf der mittleren hinteren Speiche. Biegen Sie die Speichen *über* diesen Kreis nach unten, messen Sie dann von diesem Kreis aus die Höhe des Scheitels und markieren Sie sie mit einem Bleistift auf den Speichen. Seien Sie sehr genau.

BASISDRAHT FÜR KRONE –

Messen und schneiden Sie ein Stück Stützdraht ab, das einen halben Zoll länger ist als der Draht für die Kopfgröße . Überlappen Sie die Enden 2,5 cm und verbinden Sie sie mit einem Kabelbinder. Der Basisdraht jeder separaten Krone muss groß genug sein, um über den kopfgroßen Draht an der Krempe zu passen. Platzieren Sie diesen Kreis, nachdem Sie ihn wie den kopfgroßen Draht geformt haben , auf der Innenseite der Speichen an der markierten Stelle, beginnend in der Mitte hinten, und beenden Sie ihn wie einen beliebigen Randdraht, indem Sie die Enden der Speichen eineinhalb Mal um den Draht drehen . Drücken Sie die Drähte mit der Zange fest nach unten. Schneiden Sie die Enden knapp ab und drücken Sie sie mit den Backen der Zange flach. Bei Bedarf können noch viele weitere Kreise hinzugefügt und mit Bindedraht festgebunden werden. Es können auch weitere Speichen hinzugefügt werden. Dies wäre wünschenswert, wenn der Rahmen mit Geflecht ummantelt werden soll oder wenn Stoff für Rahmen verwendet werden soll.

TRANSPARENTE HÜTE –

Wenn ein Drahtrahmen mit dünnem Material überzogen werden soll, sollte dem Rahmen große Sorgfalt und Überlegung gewidmet werden, da er dann Teil des Hutdesigns ist. In diesem Fall wird manchmal ein feinerer Draht verwendet, oder für dünne Materialien kann ein schöner Rahmen hergestellt werden, indem man einen satinierten Kabeldraht verwendet und so wenig Drähte wie möglich verwendet. Nach der Herstellung eines Drahtrahmens kann es ratsam erscheinen, einige Drähte abzuschneiden.

KAPITEL V

RUNDE KRONE AUS DRAHT

EINE RUNDE Krone ist eine Krone, die von der Spitze bis zur Basis rund ist. Zuerst richten, messen und schneiden Sie vier Stangen Klammerdraht, wie bei einer quadratischen Krone, mit normaler Länge ab, um die Endbearbeitung zu ermöglichen. Schneiden Sie die Enden eines kurzen, fünf bis sechs Zoll langen Stücks Stützdraht ab und verbinden Sie sie. Dadurch entsteht ein kleiner Kreis für die Oberseite der Krone. Binden Sie zunächst die Stäbchen quer über diesen Kreis und teilen Sie ihn in Hälften, Viertel und Achtel. Achten Sie dabei darauf, dass die Teilungen genau erfolgen und die Stäbchen gleich lang aus dem Kreis herausragen. Halten Sie diese Drähte in diesem Kreis *flach* . Die Stöcke dürfen nun nach unten gebogen werden. Manchmal ist es einfacher, den Basisdraht an dieser Stelle anzubringen, bevor weitere Kreise hinzugefügt werden.

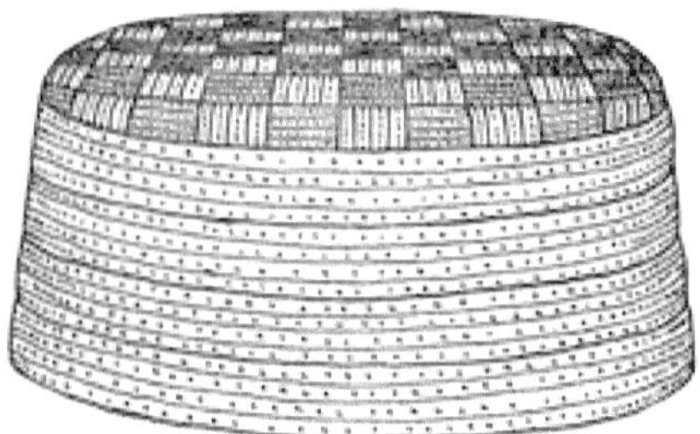

AUSGEFALLENE KRONE-SPITZE AUS ZOPF

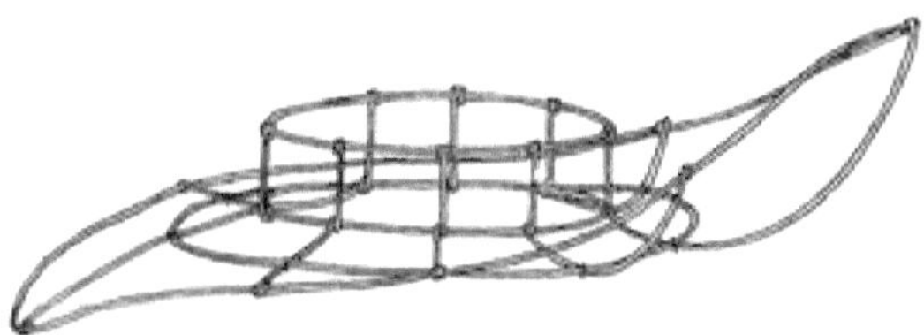

ROLLDRAHT-KREMPE. Es können acht Speichen mehr und so viele Kreise wie gewünscht verwendet werden, je nach verwendetem Belag

RUNDE KRONE AUS DRAHT

BASISDRAHT –

Schneiden Sie ein Stück Stützdraht ab, das einen halben Zoll länger ist als der Draht, der für den Kopfgrößendraht verwendet wurde . Überlappen Sie die Enden einen Zentimeter. Machen Sie die gleiche Form wie der Kopfgrößendraht und testen Sie die Größe, indem Sie ihn über dem Kopfgrößendraht an der Krempe anprobieren, für die die Krone gemacht ist. Die übliche Höhe einer runden Krone beträgt sieben Zoll von der Spitze bis zum Basisdraht, aber aus Sicherheitsgründen ist es immer besser, den Kopf zu messen. Manchmal ist aufgrund einer Fülle von Haaren oder einer hohen Frisur eine größere Körpergröße erforderlich. Wenn der Basisdraht verlängert wird, um ihn an den Kopf anzupassen, ist das Seitenmaß von der Spitze bis zur Basis der Krone kürzer als von der Spitze bis zur Vorder- und Rückseite. Am hilfreichsten ist es, eine alte Krone mit einer verlängerten Kopfgröße zu nehmen und sie entweder zu messen und anhand der Maße zu arbeiten oder sie zu überarbeiten.

Die fertige Krone muss unten eben sein und beim Auflegen auf den Tisch gleichmäßig aufliegen. Der Basisdraht kann mit Bindedraht an der Vorder- und Hinterspeiche sowie an jeder Seitenspeiche festgebunden werden, bis die Kreise zwischen ihm und der Scheitelspitze hinzugefügt sind. Es wird dann leicht sein, die Einstellung vorzunehmen, bevor die Drähte fertiggestellt werden. dh die Krone kann höher oder niedriger gemacht werden.

KREISE ODER REIFEN –

Fügen Sie drei Drahtkreise zwischen dem Basisdraht und dem kleinen Kreis oben hinzu. Der erste Kreis knapp über dem Basisdraht sollte gleich groß sein. Lassen Sie alle Drahtüberlappungen auf der Rückseite. Die anderen beiden Kreise passen sich der Form der Krone an und sind vorne und hinten etwas weiter voneinander entfernt als an den Seiten.

UM DIE BASIS DER KRONE FERTIGZUSTELLEN –

Die Speichen der Krone können nun dort, wo der Basisdraht befestigt werden soll, scharf herausgedreht und genauso bearbeitet werden wie der Randdraht an der Krempe.

EIN GEFORMTER DRAHTRAHMEN AUS EINEM STÜCK –

Der einfachste Drahtrahmen, der überhaupt geformt ist, ist die Pilzform oder ein etwas herabhängendes. Bevor man mit diesem Hut beginnt, wird es einfacher sein, ein Muster für die Krempe zu haben, aber es wird nicht notwendig sein, ein Muster für die Krone anzufertigen, die entweder rund oder quadratisch sein kann und für die bereits Anweisungen gegeben wurden.

MUSTER FÜR KREMPE –

Erstellen Sie für die Krempe ein Muster aus Manilapapier, genau wie für eine Stoffform, und folgen Sie dabei den gleichen Anweisungen. Es kann sein, dass es nur sehr wenig durchhängt oder ganz eng anliegt. In beiden Fällen ist die Methode dieselbe.

Stecken Sie den kopfgroßen Draht auf dieses Muster und probieren Sie ihn in Form aus. Markieren Sie auf dem Draht die Stelle, an der die Falten den Draht berühren. An dieser Stelle ist es wichtig, sich nicht zu beeilen. Machen Sie viele Muster und wählen Sie dann dasjenige aus, das am besten zu Ihnen passt. Nachdem das Muster perfektioniert ist, falten Sie es scharf, genau wie bei der Matrosenkrempe. Nehmen Sie alle Maße dieses Musters vor und verwenden Sie sie zum Markieren der Drähte. Dieses Krempenmuster wird erst benötigt, wenn die Krone angefertigt ist. Bei der Herstellung eines Drahtrahmens aus einem Stück beginnen wir oben am Scheitel und arbeiten uns nach unten vor.

KRONE –

Messen Sie vier Stöcke wie für die Krone in der vorherigen Lektion, plus die Breite der Krempe und plus sechs Zoll für die Endbearbeitung. Dies reicht aus, um beide Enden des Drahtes fertigzustellen. Da die Enden jedoch leicht ausfransen, ist es besser, einen großzügigen Abstand zu lassen. Beginnen Sie an der Kronenspitze und arbeiten Sie sich nach unten vor, bis Sie für den kopfgroßen Draht bereit sind. Der letzte Draht hat oder sollte die gleiche Größe wie der normale Kopfgrößendraht haben . Legen Sie die Schlinge des Headsize- Drahts auf die hintere Speiche der Krone und verbinden Sie sie, indem Sie die Speichen eineinhalb Mal umdrehen. Verbinden Sie die vorderen und übrigen Speichen auf die gleiche Weise. Achten Sie dabei darauf, dass der Draht an den Falten im Muster markiert wird.

KREMPE –

Jetzt können wir die aus dem Muster entnommenen Maße verwenden. Markieren Sie die Länge jeder Speiche mit einem Bleistift. Der Abstand zwischen ihnen sollte auf dem Randdraht markiert werden. Diese Maße werden dem Schnittmuster entnommen. Beenden Sie die Kante genauso wie die Matrosenkrempe. Fügen Sie so viele Kreise wie gewünscht zwischen dem Randdraht und dem Kopfgrößendraht hinzu.

Wir haben jetzt die erste Variante aus einer perfekt flachen Krempe aus Draht gefertigt. Erstellen Sie immer ein Muster, bevor Sie einen Drahtrahmen anfertigen, außer beim Kopieren. Dann können Messungen an der zu kopierenden Mütze vorgenommen werden. Hier sind einige Gründe, warum das Muster wichtig ist: Zuerst kann es anprobiert werden, um zu entscheiden, ob der Stil passt, bevor es mit Draht ausgearbeitet wird; Zweitens kann die Position der Drähte bestimmt und auf dem Papiermuster markiert werden . Drittens: Je mehr Arbeit anhand eines Papiermusters geleistet wird, desto einfacher wird es, es zu kopieren. Viertens schult es das Auge und erleichtert so das freihändige Arbeiten erheblich.

Unabhängig davon, ob der Hut aus einem Stück oder mit separater Krempe gefertigt ist, wird die gleiche Methode angewendet. Zuerst wie immer das Papiermuster. Wenn die Krempe auf einer Seite eng und viel höher als auf der anderen Seite rollen soll, sind zusätzliche Drähte erforderlich, um den Raum auszufüllen. Der Platz dafür kann anhand des Papiermusters bestimmt werden. Sie können rundherum verlaufen, wobei sie auf der unteren Seite enger zusammengeführt werden, oder nur teilweise herum, wie in der Abbildung.

Die Herstellung von Drahtrahmen erfordert viel Geduld und Übung. Es ist eine Kunst, so wie jede Hutmacherei eine Kunst ist. Linien sind alle wichtig. Aus diesem Grund empfehle ich viel Musterherstellung. Auch wenn man vielleicht nicht über die Grundprinzipien der Kunst verfügt, entwickelt sich oft etwas wirklich Gutes und wir stellen fest, dass wir etwas Besseres geschaffen haben, als wir wussten. Es fördert die Originalität, aber wir müssen ohne *Angst arbeiten* .

SO FÄRBEN SIE DRAHTGITTER :

Drähte gibt es sowohl in Schwarz als auch in Weiß. Ein weißer Rahmen kann farblich zu jedem transparenten Stoff passen, der für seine Bespannung verwendet wird. Es wird sich als einfacher erweisen , den Rahmen nach der Herstellung einzufärben. Es können alle Kalt- oder Seifenfarben verwendet werden. Wenn diese nicht verfügbar sind, reicht ein in Alkohol getränktes und über den Rahmen geriebenes Stück Samtsamt aus, um die Farbe so weit abzugeben, dass der Draht gefärbt wird. Es kann auch Krepppapier oder

Wasserfarben verwendet werden. Angefeuchtet lässt sich Rouge wirkungsvoll anwenden. Es gibt auch Gold- und Silberdrähte, die bei Bedarf für Rahmen verwendet werden können und die Schönheit des Designs verstärken. Wenn sie nicht zu kaufen sind, kann ein Rahmen aus weißem Draht vergoldet werden, indem man flüssiges Gold verwendet und es mit einem kleinen Pinsel auf den Rahmen aufträgt.

HALO-HUTKREMPE –

Halo-Krempen können aus jedem Stoff hergestellt werden, aber um effektiv zu sein, sollte das Material transparent sein. Bei der Herstellung dieses Hutstils werden Maslines, Netze, Georgette-Crêpe oder Chiffon mit gutem Erfolg verwendet. Aus alten Georgette-Taillen wurden hübsche Halo-Krempen gefertigt, wobei die Rückseite als Krempe und die Vorderseite und die Ärmel als Krone verwendet wurden.

Bei der Herstellung dieser Krempe werden nur zwei Drähte verwendet: der Kantendraht und der Kopfgrößendraht . Die Größe der Krempe wird bestimmt und dann wird ein Ring aus Federdraht genau auf die Länge des Umfangs der Krempe zugeschnitten. Dieser Draht ist unbedeckt; Die Enden treffen gerade aufeinander und werden mit einer kleinen Klammer verbunden, wobei die Enden eingeführt und mit den Backen der Zange nach unten gedrückt werden.

Legen Sie das Material, aus dem die Krempe gefertigt werden soll, auf eine ebene Fläche. Bei Malin können mehrere Stärken verwendet werden. Befestigen Sie dieses Material mit Stecknadeln oder Reißnägeln leicht am Tisch. Legen Sie einen Kreis aus Federdraht auf das Material und stecken Sie ihn fest. Beginnen Sie damit, die Rückseite, die Vorderseite und dann jede Seite festzustecken. Achten Sie dabei darauf, den Draht nicht aus der Form zu ziehen. Nehmen Sie die Arbeit hoch und stecken Sie das Material rundherum fest. Schneiden Sie es ab und lassen Sie dabei einen Viertelzoll Abstand über den Draht. Mit einem Überwendlingsstich oder mit einem Vorstich knapp innerhalb des Drahtes eng an den Draht nähen. Der Rand kann mit einer Falte aus dem gleichen Material, einer Satinfalte oder einer Zopfreihe eingefasst werden.

KOPFGRÖßENDRAHT FÜR HALO-KREMPE –

Dieser Kopfgrößendraht besteht aus Rahmendraht. Zuerst abmessen, dann zuschneiden, Enden verbinden und wie bei jedem Hut formen. Legen Sie den Kopfdraht so auf das Material, dass die Verbindung nach hinten erfolgt. Die Vorder- und Rückseite der Krempe sind bei gleicher Breite aufgrund des verlängerten Kopfgrößendrahtes etwas schmaler als die Seite . Der kopfgroße Draht kann jedoch in jeder gewünschten Position auf der Krempe platziert werden. Stecken Sie es fest und nähen Sie es mit einem

Überwendlingsstich. Schneiden Sie das Material innerhalb des kopfgroßen Drahts ab und lassen Sie dabei eine Verlängerung von einem Viertel Zoll zum Umdrehen übrig. Es wird sich als notwendig erweisen, dies über dem Draht festzunähen, um die Kante sicherer zu machen.

Eine andere Methode zur Herstellung einer Halo-Krempe besteht darin, ein Materialstück schräg zuzuschneiden, das doppelt so breit wie die Krempe und so lang wie der Umfang ist. Dehnen Sie dieses Stück Material, stecken Sie dann die Mitte des Streifens über den Kantendraht, fassen Sie die rohen Kanten zusammen, damit sie an den kopfgroßen Draht passen, und nähen Sie ihn fest. Mit dieser Methode erhält man zwar keine glatte Krempe, geht aber schneller. Wenn für Halo-Krempen transparentes Material in zwei Stärken verwendet wird, erhält man einen sehr schönen Effekt, indem man flache Blumen, Blütenblätter oder Federn zwischen die beiden Materialien legt.

KRONE FÜR HALO-KREMPE –

Dies kann sehr transparent sein, auf Wunsch kann jedoch auch eine Halo-Krempe auf einem Zopf oder einer Satinkrone verwendet werden. Eine Drahtkrone für eine Halo-Krempe besteht normalerweise nur aus einem mehrere Zentimeter hohen Kragen aus Rahmendraht. Dieser wird an den Headsize- Draht angenäht . Die Abdeckung für die Krone hat normalerweise die Form eines Kreises mit einem Durchmesser von etwa vierzehn Zoll und ist genauso dick wie die Krempe. Sammeln Sie einen Viertelzoll von der Kante entfernt, passen Sie die Weite an und nähen Sie es an den kopfgroßen Draht an. Die Höhe der Krone hängt von der Frisur ab. Legen Sie ein Band aus dem gleichen Material wie die Krone oder ein schmales Band um die Basis der Krone, um die Drähte zu beschneiden und zu verbergen. Ein Drahtbogen aus transparentem Material kann sehr effektiv eingesetzt werden. (Siehe Kapitel „Bögen".)

KAPITEL VI

Hutbezüge

MIT ZOPF BEDECKEN –

GROßE Sorgfalt und Geduld erforderlich. Die hervorzuhebenden Linien sollten sorgfältig studiert werden, da es verschiedene Methoden gibt, das Geflecht auf die Rahmen zu legen. (Siehe Abbildung .)

Der zum Nähen von Zöpfen verwendete Stich ist immer derselbe – ein sehr kurzer Stich auf der rechten Seite und ein viertel Zoll langer Stich auf der linken Seite. Der Faden darf nicht zu fest angezogen werden, da sonst die Lage der Maschen sichtbar wird; Passen Sie außerdem immer den Faden an den Strohhalm an. Strohgeflecht kann an einen Weiden-, Buckram-, Netteen- oder Krinoline-Rahmen genäht werden, außer wenn ein *sehr* weicher Hut gewünscht wird; Es kann dann über einen Draht- oder Buckram-Rahmen genäht und geformt werden, jedoch nicht darauf, da es nach dem Nähen vom Rahmen entfernt werden muss. oder wenn das Geflecht grob ist, kann es an einen Drahtrahmen genäht werden, der zuvor mit Krinoline oder Mull bedeckt wurde. (Siehe Abbildung .)

EINE METHODE ZUM BEGINNEN DES ZOPFES AUF DER KRONE UND ZUM NÄHEN

Viele Hüte haben eine mit Stroh besetzte Krempe, während auf der Oberseite ein Stoff verwendet wird. In diesem Fall muss zuerst das Geflecht angelegt werden, damit die Stiche durch die Krempe geführt werden können, die der Stoff oben bedeckt.

ZUM BEFESTIGEN AM RAHMEN –

Platzieren Sie die Außenkante des Strohhalms auf gleicher Höhe mit der Außenkante der Krempe, beginnend in der hinteren Mitte, und lassen Sie drei Zoll nach rechts überstehen. Stecken Sie es fest und heften Sie es rundherum fest, bis die hintere Mitte erreicht ist. Biegen Sie die zweite Reihe von der hinteren Mitte aus allmählich nach oben; Machen Sie keine abrupte Kurve, bis die richtige Runde erreicht ist, normalerweise ein Achtel Zoll. Am Rand der meisten Zöpfe befindet sich ein Faden, der hochgezogen werden kann, um beim Nähen an einer Kurve zusätzliche Fülle zu erhalten. Die Außenkante der ersten Reihe muss frei bleiben, damit die Stoffkante, die die andere Seite bedeckt, darunter geschoben werden kann. Beginnen Sie erst mit dem Nähen, wenn die zweite Reihe festgeheftet ist .

NÄHEN –

Unterseite durch die Kante des Geflechts am Schoß und machen Sie einen kleinen Stich, wobei Sie die Nadel durch das Geflecht und den Buckram stechen. Der kleine Stich auf der rechten Seite wird verdeckt, wenn der Faden nicht zu fest gezogen wird. Machen Sie auf der Rückseite einen Stich mit einer Länge von einem Viertel bis einem halben Zoll, abhängig von der Breite und Qualität des Geflechts. Heften und nähen Sie das Geflecht weiter, bis die Kopfgröße erreicht ist und das Geflecht 2,5 cm über den Kopfgrößendraht hinausragt . Wenn die Krempe an einigen Stellen breiter ist als an anderen, muss die breitere Seite mit kurzen Streifen ausgefüllt werden, die der gleichen Kurve folgen. Dabei ist darauf zu achten, dass die Enden lang genug bleiben, um einen Zoll über den Kopfgrößendraht hinauszuragen. Wenn die Krempe an einigen Stellen sehr viel breiter ist, können beim Nähen des Zopfes in Abständen kurze Zopfstücke eingearbeitet werden; Dadurch würde eine so abrupte Kurve nicht entstehen, und die allgemeinen Linien des Zopfes würden ansprechender wirken.

Wenn eine Seite der Krempe mit Stoff bedeckt werden soll, befestigen Sie diesen an der Krempe, heften Sie ihn an den Draht für die Kopfgröße und schneiden Sie die Kante ab, sodass ein Viertel Zoll über die Kante hinausragt. Entfernen Sie die Heftung von der ersten Zopfreihe und stecken Sie die Stoffkante darunter. Stecken Sie es fest und nähen Sie es mit Steppstichen durch den Strohhalm.

BEIDE SEITEN DER KREMPE MIT BORTE BEDECKT –

Lassen Sie die ersten Reihen sowohl oben als auch unten leicht über die Krempenkante hinausragen. Diese Kanten können mit einem kleinen Schrägstich zusammengefügt werden, oder wenn gewünscht, kann die Kante zunächst mit einem schrägen Stück Satin oder mit einer Reihe Borte oder buntem Stoff zusammengebunden werden. Wenn der Rand der Krempe gebunden ist, treffen die Kanten der ersten Zopfreihen oben und unten nicht aufeinander. Die so sichtbare gebundene Kante ergibt den Effekt einer Kordel.

EINE KRONE MIT EINEM ZOPF BEDECKEN –

Beginnen Sie unten am Scheitel und schrägen Sie die zweite Reihe von der ersten Reihe ab, genau wie am Rand. Ziehen Sie den Zopf mit dem Faden (der sich an der Kante fast jedes Zopfes befindet) nach oben und nähen Sie, bis die Mitte der Kronenspitze erreicht ist. Anschließend können Sie ein Loch in die Oberseite der Krone bohren und das Ende durchstecken an der Unterseite befestigt. Halten Sie den Zopf so voll, dass er vollständig flach aufliegt. Manchmal ist es einfacher, mit dem Annähen des Zopfes ganz in der Mitte der Oberseite der Krone zu beginnen, oder es können ein paar Reihen an einen kleinen Kreis aus Krinoline genäht werden, bevor sie an der Oberseite der Krone befestigt werden.

Wenn ein Zopf verwendet wird, der aus vier oder fünf zusammengenähten kleineren Zöpfen besteht, ist die Methode die gleiche, bis die Scheitelspitze erreicht ist oder eine Stelle erreicht ist, an der es unmöglich ist, den Zopf flach aufliegen zu lassen. Das Geflecht muss dann in die kleineren Stränge geteilt und einer nach dem anderen abgeschnitten werden, und jedes Ende muss unter den vorherigen Strang gelegt werden; Fahren Sie mit den restlichen Strängen fort und schneiden Sie einen nach dem anderen ab, bis nur noch einer übrig ist, mit dem Sie die Mitte abschließen können. Wenn die Kronenspitze fertig ist, stecken Sie das verbleibende Ende durch ein Loch in der Mitte der Kronenspitze und nähen es an der Innenseite der Krone fest. Wenn Sie diese Art von Geflecht verwenden , können Sie den Vorgang auch in umgekehrter Reihenfolge durchführen: Beginnen Sie in der Mitte der Oberseite und bedecken Sie einen kleinen Kreis aus Buckram mit Geflecht. Drücken Sie es mit einem warmen Bügeleisen, um es zu glätten, nähen Sie es dann an der Krone fest und vervollständigen Sie die Abdeckung. Dies scheint die einfachere Methode zu sein, da die Oberseite der Krone beim Pressen viel besser aussieht und dies nur schwer möglich ist, wenn nicht mit einem kleinen separaten Stück Buckram begonnen wird.

ZOPF ZERTEILEN –

Manchmal muss ein Zopf an einer auffälligen Stelle des Hutes geflochten werden, wenn eine sorgfältige Handhabung erforderlich ist. Wenn das Geflecht aus mehreren zusammengenähten kleineren Zöpfen besteht, sollten die Enden mehrere Zentimeter auseinandergerissen und die Stränge in ungleiche Längen geschnitten werden; Auch die Litzen des anderen Endes, das damit verbunden werden soll, sollten auf eine solche Länge zugeschnitten werden, dass sie mit den entsprechenden Enden zusammentreffen und eine Überlappung von einem Zoll ermöglichen. Die so geschnittenen Enden können einzeln untergesteckt werden, ohne dass die Verbindung sichtbar ist. Wenn das Geflecht sehr breit ist, scheint es beim Abdecken eines Rahmens am besten zu sein, die Enden der Geflechtreihe abzuschneiden und zu verbinden. Dann wäre es besser, hinten eine gerade Verbindung herzustellen.

Soll ein ausgefallener Zopf geflochten werden, werden die Enden diagonal überlappt und flach vernäht. Wenn eine ausgefallene Verbindung Teil des Designs ist, besteht eine einfache Möglichkeit darin, die Enden zu überlappen, damit sie wie gewebt aussehen. Dies kann auf einer Krone oder einer Krempe oder auf beiden angewendet werden und wird dann Teil des Designs. Auch die Oberseite der Krone oder ein beliebiger Teil des Hutes kann mit einer gewebten Borte überzogen sein, aber jede solche ausgefallene Methode erfordert eine zusätzliche Menge Flechte.

Die Oberseite des Scheitels kann abgedeckt werden, indem das Geflecht gerade von vorne nach hinten aufgelegt wird, sodass die Enden auf dem seitlichen Scheitel einen Zoll oder mehr nach unten ragen. Das Geflecht der Seitenkrone sollte diese Enden bedecken. Die Krempe eines schmalen Hutes ist oft mit kurzen Zopfstücken bedeckt, die strahlenförmig vom kopfgroßen Draht ausgehen und deren Enden 2,5 cm über die Krone hinausragen. Oftmals wird ein Stoff aus Designgründen mit einem Geflecht kombiniert, oder wenn nicht genügend Geflecht vorhanden ist.

KRONE OBEN AUS ZOPF, SEITLICHE KRONE AUS STOFF –

SEITLICHE KRONE AUS ZOPF UND OBERSEITE AUS STOFF –

BAND AUS MATERIAL, SCHLICHT ODER SCHNURGEBUNDEN, IN SEITLICHER KRONE EINGELASSEN –

KREMPE UND KRONE AUS KLEINEN SEIDENSTÜCKEN UND BORTEN –

Ein sehr weich aussehender Zopfhut kann hergestellt werden, indem ein Zopf über ein speziell für diesen Zweck angefertigtes Drahtfundament genäht wird. Das Geflecht kann an der Drahtkante festgesteckt und angenäht werden. Dabei ist darauf zu achten, dass das Geflecht nicht am Rahmen befestigt wird. Schieben Sie die Nadel über den Draht und nähen Sie den Zopf zu Ende, während er noch an der Krempe befestigt ist. Entfernen Sie ihn dann, drücken Sie ihn leicht an und nähen Sie bei Bedarf einen Zopfbesatz an die Unterseite der Krempe. Einige Geflechtarten können vor dem Pressen angefeuchtet werden, es ist jedoch sicherer, zunächst mit einem kleinen Stück zu experimentieren, da manche Geflechte durch das Pressen zerstört werden.

Eine weiche Zopfkrone sollte über eine Drahtkrone gestülpt und auf die gleiche Weise vernäht werden. Nach dem Herausnehmen aus dem Drahtgestell kann man es leicht andrücken, indem man es über ein dickes Tuch in der Hand hält und mit einem warmen Bügeleisen nach außen drückt. Eine weiche Mütze aus Zopf lässt sich leichter herstellen, indem man zunächst einen Rahmen aus Krinoline anfertigt und den Zopf daran festnäht. Kronen aus Rosshaargeflecht sehen wunderschön aus, wenn sie über einem Drahtfundament geformt werden. Sie können leicht gedrückt werden (nachdem Sie sie von der Drahtkrone entfernt haben, über die sie geformt wurden), wenn Sie feststellen, dass sie ihre Form behalten. Die Krempe benötigt ein Drahtfundament, um ihre Form zu halten, und das Geflecht sollte beim Nähen bis zum Draht festgehalten werden. Für dieses Fundament sollte ein kleiner Spitzendraht verwendet werden, vier Speichen zusammen mit dem Kopfdraht und dem Randdraht reichen aus. Der Draht sollte mit Malin umwickelt sein oder eine Ummantelung aus Malin haben. Rosshaargeflecht ist transparent. Es gibt viele fantasievolle Möglichkeiten, einen Zopf an einem Hut zu befestigen, aber diese können leicht nachgeahmt werden, wenn die oben genannten Methoden beherrscht werden. Seien Sie sehr vorsichtig beim Pressen von Zöpfen oder dem Hinzufügen von Feuchtigkeit, da dies einige Zöpfe ruiniert, während andere angefeuchtet werden müssen, bevor sie beim Nähen an einen Hutrahmen bearbeitet werden können.

BESPANNEN VON DRAHTGESTELLEN MIT MALINE, NETZ ODER GEORGETTE –

Drahtrahmen, die mit transparentem Material wie Maline, Netz oder Georgette überzogen werden sollen, müssen sorgfältig hergestellt werden, da der Drahtrahmen Teil des Designs wird und der Draht mit Seide überzogen sein sollte.

Wenn Malin verwendet wird, sollte es plissiert oder gerafft sein, es sei denn, die Krempe hat den Halo-Stil, für den an anderer Stelle Anweisungen gegeben werden. Es sind vier bis fünf Schichten Malin nötig. Das Material wird häufig in kleinen Biesen von etwa einem Viertel Zoll an den Stellen gerafft, an denen die Biese an den Runddraht an der Krempe oder der Krone angenäht werden kann. Eine kleine Biegung am Kantendraht würde eine weichere Kante ergeben, als wenn sie glatt wäre. Die Fülle wird dann gerafft und an den Kopfumfangsdraht genäht . Wenn der Rand glatt bleibt, können ein paar Reihen spitzenartiger Borten an den Rand genäht werden. Manchmal wird eine breite, vom Rand herabhängende Biegung verwendet, die für bestimmte Gesichtstypen sehr passend ist. Die Drähte eines Rahmens werden oft zunächst mit schmalen, schrägen Netz- oder Malinstücken umwickelt. Die Kanten werden eingeschlagen und das Material glatt und gleichmäßig aufgewickelt. Manchmal sind die Drähte in einer Kontrastfarbe gewickelt.

Eine wirkungsvolle Abdeckung für jeden Rahmen kann aus Bändern oder Schrägstreifen aus Satin oder Seide, Samt oder Georgette oder einem anderen weichen Stoff hergestellt werden. Wenn ein Drahtgestell verwendet wird, muss es zunächst mit einem dünnen, glatten Material bedeckt werden, das als Grundlage dient, an die das Band oder die Materialstreifen genäht werden können, oder ein Gestell aus Netzstoff oder Krinoline kann verwendet werden, wenn ein sehr weicher Hut verwendet wird gewünscht.

BANDABDECKUNG –

Wenn ein Band verwendet wird, muss es an einer Kante gerafft werden, damit es nach unten gezogen werden kann, um es an den Rahmen anzupassen, und als Zopf darauf gelegt werden kann. Ein zentimeterbreites Farbband ist leicht zu handhaben.

SCHRÄGSTOFF –

Wenn Schrägstreifen aus Seide oder Satin verwendet werden, sollte das Material schräg in 5 cm breite Streifen geschnitten und zu einem langen Streifen zusammengefügt werden. Falten Sie es der Länge nach durch die Mitte und fassen Sie die rohen Kanten etwas weniger als einen Viertel Zoll vom Rand entfernt zusammen. Dieser wird wie ein Zopf an den Rahmen genäht, wobei die gefaltete Kante die Rohkante überlappt und der Faden nach oben gezogen wird, um ihn anzupassen, während er festgesteckt und festgenäht wird. Dies ist eine hervorragende Möglichkeit, altes Material aufzubrauchen.

HUTFUTTER

DAS INNENFUTTER EINES HUTES sollte mit der gleichen Sorgfalt und Verarbeitung behandelt werden wie die Außenseite des Hutes. Aus der Sicht des Hutmachers ist es eine Werbung, der Ort, an dem wir den Namen des Designers finden. Ein gut sitzendes Futter, egal ob aus düsterer oder bunter Seide, wertet einen Hut auf. Manchmal finden wir ein kleines, an das Futter angenähtes Rosensäckchen oder eine kleine, mit Spitze besetzte Tasche für den Schleier.

Es gibt drei beliebte Arten von Auskleidungen:

- Einfarbiges Futter

- Französisches Futter

- Maßgeschneidertes Futter

Dies sollte aus einem schrägen Materialstreifen bestehen, der auf die Länge des Kopfdrahtes zuzüglich eines Zolls für die Naht zugeschnitten ist. Die Breite sollte der Kronenhöhe plus zweieinhalb Zoll entsprechen.

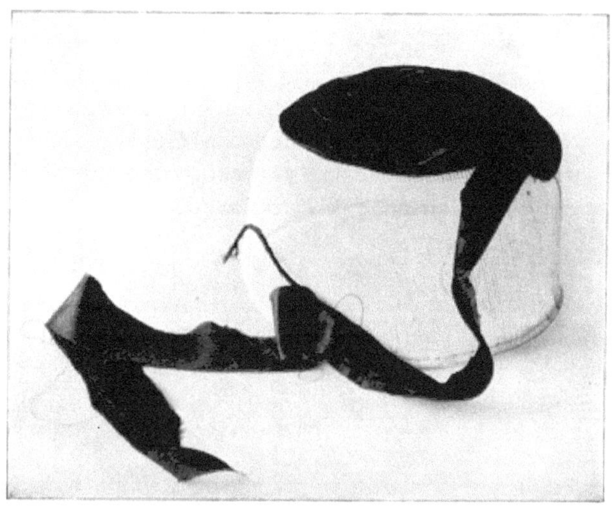

ZEIGT DIE METHODE ZUM ABDECKEN DER KRONE MIT ZWEI ZOLL BREITEM SCHRÄGSATIN. Kordel an einer Kante genäht; Die andere Kante wird gerafft und hochgezogen, damit sie in die Krone passt

Falten Sie ein Ende über einen halben Zoll und stecken Sie es an die Rückseite des Hutes. Falten Sie die Kante des Stoffes etwa einen Viertel Zoll um die Innenseite der Krone herum nach unten, so nah wie möglich an der Kante, ohne dass sie sichtbar ist, wenn der Hut auf dem Kopf sitzt. Rundum feststecken und die beiden Enden mit Steppstichen zusammennähen; Beginnen Sie dann an der Naht und nähen Sie das Futter fest. Die Methode besteht darin, die Nadel von der Unterseite des Futters durch den Rand der Falte zu führen, ein paar Stofffäden an der Mütze gegenüber diesem Faden zu fangen und die Nadel an derselben Stelle wieder durch die Falte zu stecken; Führen Sie die Nadel einen halben Zoll vom ersten Stich entfernt durch die Falte und verfahren Sie auf diese Weise, bis die Naht erreicht ist. Drehen Sie die andere Rohkante einen halben Zoll nach unten und machen Sie einen Steppstich einen Viertel Zoll von der gefalteten Kante entfernt, in den ein schmales Band verlaufen und so weit nach unten gezogen werden soll, dass das Futter an die Krone passt . Bei diesem Futter wird eine Kronenspitze verwendet , die aus einem 10 cm großen Stück Seide besteht und an der Innenseite der Kronenspitze angenäht oder angeklebt ist. Auf diesem Stück ist normalerweise der Name des Designers zu finden.

FRANZÖSISCHES FUTTER –

Dieses Futter besteht aus einem ovalen Stück Seide, das den Kronenmaßen entspricht. Messen Sie die Krone von vorne nach hinten und von einer Seite zur anderen und addieren Sie zu diesen Maßen einen Zoll hinzu. Befestigen Sie einen kleinen Draht an der Innenseite des Hutes an der Kopfgröße und binden Sie ihn fest. Legen Sie die Kante der Seide etwa einen Zentimeter über den Draht. Sammeln Sie die Seide mit einem kleinen Steppstich dicht am Draht. Wenn Sie fertig sind, stecken Sie es fest und nähen Sie es an der Krone fest. Dieses Futter verringert die Kopfgröße eines Hutes etwas und sollte daher niemals verwendet werden, wenn die Gefahr besteht, dass der Hut zu klein für den Kopf wird.

MAßGESCHNEIDERTES FUTTER –

Dieses Futter ist eher das am häufigsten verwendete Futter. Große Firmen schicken ihr Material weg, um es für ihren Handel zu konfektionieren, und die Futter können fertig gekauft werden, aber fast alle haben Seidenstücke, die leicht zu einem dieser Futter verarbeitet werden können.

Schneiden Sie ein Oval aus Krinoline aus, das zwei Drittel so groß ist wie die Oberseite des Scheitels, und heften Sie ein Stück Seidenfutter darüber. Stecken Sie dies oben auf die Krone, da dies am besten von außen angebracht werden kann und vor der Herstellung des Hutes erfolgen sollte. Schneiden Sie nun ein Stück Schrägmaterial ab, das so lang ist, dass es weit genug um die Unterseite der Krone reicht, um diese Kronenspitze an allen Stellen zu treffen. Nachdem Sie es an der Kronenspitze befestigt haben, drehen Sie es unten um einen Viertel Zoll nach oben und stecken Sie es an der Unterseite der Krone fest. Dehnen Sie sich eng an, da die Innenseite der Krone kleiner ist. Stecken Sie die Fülle rundherum an die Kronenoberseite, fassen Sie sie zwischen den Stiften zusammen und heften Sie sie fest. An der Maschine nähen. Diese Naht kann mit einer Kordel versehen sein oder es kann eine kleine Kordel angenäht werden, um die Naht abzudecken.

Futterstoffe können aus Taft, Chinaseide , Satin, Satin oder fast jedem anderen Material sein, das nicht zu schwer ist. Wenn ein Drahtrahmen mit dünnem Material bedeckt ist und der Rahmen durchscheint, sollte der Hut ein dünnes Futter haben. Wenn der Hut mit Malin bedeckt ist, verwenden Sie ein Malinfutter; Bei Georgette sollte ein Georgette-Futter verwendet werden.

Kapitel VII

Besatz

Hutmacherfalte –

Schneiden Sie aus einem Stück Samt, Satin oder einem anderen Stoff, der verwendet werden soll, einen Schrägstreifen mit einer Breite von anderthalb Zoll und der gewünschten Länge. Dabei muss es sich um eine echte Vorspannung handeln, die durch die parallele Anordnung der Kett- und Schussfäden erreicht wird. Jede andere Voreingenommenheit wird als Kleidungsvoreingenommenheit bezeichnet. Halten Sie die linke Seite zu sich und drehen Sie die Unterkante auf der linken Seite nach oben zu sich und bis zur Mitte und heften Sie sie dicht an der Kante fest. Der Heftfaden muss locker genug sein, damit die Falte gedehnt werden kann. Lassen Sie die Heftung drin. Falten Sie anschließend die andere Schnittkante nach unten, bis die beiden Kanten zusammentreffen, aber heften Sie nicht. Falten Sie erneut und lassen Sie die letzte Falte einen Viertel Zoll oder etwas weniger von der anderen gefalteten Kante entfernt. Halten Sie es fest und nähen Sie es fest. Führen Sie die Nadel durch den Rand der Falte und machen Sie einen langen Stich. Gehen Sie dann auf die andere Seite und machen Sie einen kurzen Stich. Gehen Sie etwas unter der Falte zurück, um die Naht zu verbergen. Führen Sie die Nadel wie zuvor am Rand der Falte entlang und fahren Sie auf diese Weise fort. Der Faden sollte immer locker bleiben , damit sich die Falte beim Gebrauch leicht dehnen lässt. Die fertige Falte sollte sich nicht verdrehen oder so aussehen, als wäre darin eine Naht.

Dazu kann noch eine separate Einzelfalte hinzugefügt werden; man spricht dann von einer französischen Falte. Die Hutmacherfalte hat viele Verwendungszwecke, z. B. die Veredelung des Randes von Hüten und der Unterseite von Kronen, um die Verbindung des Hutes mit der Krempe abzudecken. Es wird manchmal um die Spitze einer quadratischen Krone herum verwendet und wird häufig in der Trauermode verwendet, wenn es aus Crêpe besteht.

Bögen

Für diejenigen, die im Bogenbau unerfahren sind, gibt es keinen besseren Plan, als viele verschiedene Bogenstile zu kopieren, entweder mit Seidenpapier oder billigem Batist, da Bänder durch zu häufiges Überarbeiten ruiniert werden. Der Bogenbau ist für einen Amateur manchmal ziemlich schwierig, während er für einige Hutmacherschüler sehr einfach ist, aber jeder mit Geduld kann mit der Zeit ein ziemlicher Experte werden.

Schneiden Sie das Seidenpapier oder den Batist genau auf die Breite des zu verwendenden Bandes zu. Auf diese Weise kann die genaue Bandmenge sowie die Länge jeder Schleife bestimmt werden. Wenn Sie eine steife, elegant aussehende Schleife anfertigen möchten, falten Sie das Band vor dem Falten in Schlaufen. Wenn Sie eine weich aussehende oder bauschige, „fett" aussehende Schleife wünschen, falten Sie das Band einzeln, bevor Sie die Schlaufen machen. Die weiche Schleife wird häufig für Kindermützen verwendet. Nachdem die gewünschte Anzahl an Schlaufen hergestellt wurde, wickeln Sie einen starken Faden um die Mitte und wickeln Sie das verbleibende Ende des Bandes mehrmals darüber, bis die Mitte ausreichend gefüllt ist, damit sie gut aussieht.

BÖGEN AUS MALIN –

Maline ist eines der schönsten Materialien für die Hutmacherei und eignet sich für viele Verwendungszwecke. Hutgestelle sind mit Malin überzogen; es wird zum Abdecken der Flügel verwendet, um die Federn an Ort und Stelle zu halten; um verblasste oder abgenutzte Blumen abzudecken; für geraffte Krempen und Kronen; für Plissees ; für Falten an den Rändern der Krempe, um ein weiches Aussehen zu verleihen; und für Bögen.

Eine Schleife aus Malin muss mit einem sehr kleinen Bindedraht oder Spitzendraht verdrahtet werden. Der Draht kann in einer Falte am Rand der Schlaufen hängen bleiben, oder die Schlaufen können doppelt gemacht werden, wobei der Draht darin gefangen ist.

SCHLEIFEN AUS DRAHTBAND –

Wenn ein steifer Effekt gewünscht wird, wird das Band manchmal gedrahtet. Es können Seide, Satin, Samt oder jede Art von Band verwendet werden. Der flache Banddraht wird manchmal mit Hutmacherkleber zwischen zwei Bänder geklebt. Oftmals werden auf diese Weise zwei Farben recht wirkungsvoll eingesetzt. Der Draht kann auch an einer Kante des Bandes festgenäht werden. Dazu wird das Band am Rand über den Draht gestülpt und an der Nähmaschine festgenäht. Die Enden des Drahtes sollten fünf Zentimeter über die Enden der Bogenschlaufe hinausragen. Nachdem die Schleife arrangiert wurde, sollten diese Enden nach außen und hinten gebogen werden, sodass Schlaufen entstehen, die an der Mütze festgenäht werden. Dies hält die Schleife sehr fest, insbesondere wenn an der Stelle, an der die Schleife angenäht werden soll, ein kleines Stück Buckram in den Hut gelegt wird. Dadurch wird der Rahmen verstärkt und noch stabiler. Wenn eine Schleife auf einer Krone angebracht werden soll, kann ein Loch gemacht werden und das Band, das die Mitte der Schleife vervollständigt, kann von der Innenseite der Krone durch diese Öffnung nach oben, über die Schleife und durch diese nach unten geführt werden geöffnet und im Inneren der Krone befestigt.

Ein schmales Samtband ist sehr hübsch über einen Draht gedreht und aus zwei frechen Schlaufen und Enden gefertigt. Diese sitzen sehr hübsch auf dem Rand einer Krempe oder zwischen Blumen auf dem Hut.

DER KNOTEN DER WAHREN LIEBENDEN –

Dabei handelt es sich streng genommen nicht um eine Verbeugung, sondern fällt unter diese Rubrik. Das verwendete Band wird zu einem Knoten verarbeitet und bei der Herstellung flach vernäht. Es kann an der Krempe oder an der Seitenkrone angenäht werden und ist aus goldenem Band gefertigt.

MASSGESCHNEIDERTE SCHLEIFE –

Diese Schleife besteht normalerweise aus einem Stück Band, dessen beide Seiten gleich sind, obwohl sie auch aus jedem anderen Band hergestellt werden kann. Eine maßgeschneiderte Knox-Schleife besteht aus Ripsband . Schneiden Sie ein kleines Stück Buckram als Grundlage zum Annähen des Bandes ab. Dieser sollte so klein sein, dass das Band ihn verdeckt. Machen Sie zwei gleich lange Schlaufen und lassen Sie das Band vollkommen flach liegen. Die Messungen sollten sehr genau sein. Nähen Sie diese Schlaufen fest an den Buckram. Falten Sie das Band hin und her, um diese Schlaufen zu bilden, ohne es zu schneiden. Als nächstes falten Sie zwei weitere Schlaufen, eine auf jeder Seite, einen Viertel Zoll kürzer und genau oben. Fest vernähen und das Band in der Mitte abschneiden. Befestigen Sie zwei kurze Enden an der Rückseite der Schleife, sodass sie etwa einen Viertel Zoll überstehen, und schneiden Sie sie diagonal ab. Nehmen Sie ein kurzes Stück Band und falten Sie es einmal in der Mitte. Wickeln Sie dieses einmal um die Schleife und befestigen Sie es hinten.

Diese Schleife wird häufig bei Matrosen oder anderen maßgeschneiderten Hüten verwendet. Es gibt viele Arten von ausgefallenen Bögen, die von Saison zu Saison auf den Markt kommen, aber wenn man die Herstellung einiger Standardbogenstile beherrscht, können andere leicht kopiert werden.

STRAHLENDE
FALTUNG AUF
EINER NIEDRIGEN
BUCKRAM-

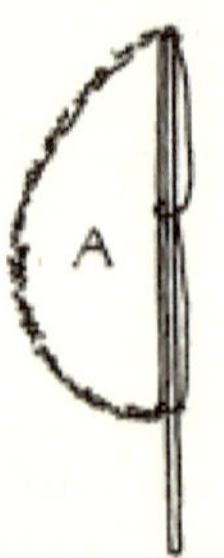

ABSCHNITT DES MALINE
POMPON, DER DIE
BEFESTIGUNGSMETHODE
AM DRAHT ZEIGT

PYRAMIDE
HERGESTELLT

KNOTEN DER
WAHREN LIEBHABER

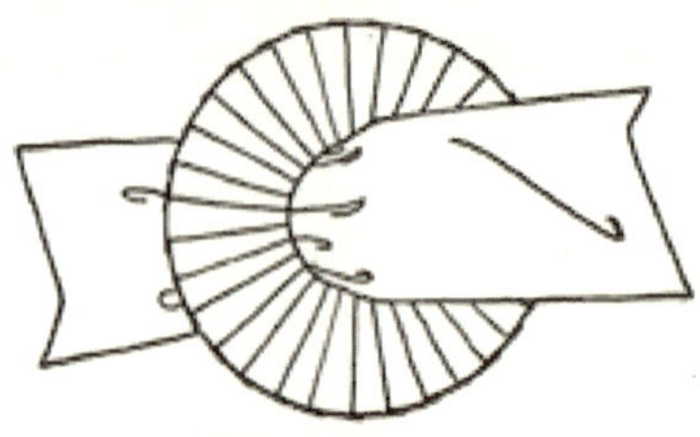

STRAHLENDE PLISSIERUNG, HERGESTELLT AUF
BUCKRAM-FOUNDATION

ZWEITE METHODE ZUR HERSTELLUNG EINES
ORCHIDEENZENTRUMS (siehe Seite 91)

FALTEN

EINE FALTUNG ist schwierig und erfordert Geduld. Sofern es nicht sorgfältig gefertigt ist, sollte es niemals für einen Hut verwendet werden, denn von seiner Genauigkeit hängt seine Attraktivität ab. Die einfachste Faltung ist eine Seitenfaltung. Dies kann für Übungszwecke aus Papier oder steifem Musselin hergestellt werden. Es sollte keinen Fadenunterschied in der Breite jeder Falte geben. Für jede einfache Faltung ist die dreifache Länge des abzudeckenden Raums erforderlich. Wenn eine Faltung von einem halben Zoll durchgeführt werden soll, müssen die Falten alle 1,5 Zoll erfolgen.

Befestigen Sie jede Falte nach dem Legen mit Seidenfaden. Vor Gebrauch leicht auf die linke Seite drücken.

KASTENFALTEN –

Dazu wird die erste Falte nach links und die nächste nach rechts gedreht. Es wird die gleiche Materialmenge wie für die Seitenfalte benötigt. Wenn die Falten einen halben Zoll tief sein sollen, hat die Kellerfalte einen Durchmesser von *einem* Zoll. Oben und unten mit Seidenfaden beheften und auf der Rückseite bügeln. Eine einfache Kellerfalte kann durch die Mitte geheftet und die Kanten zusammengehalten werden.

DOPPEL- ODER DREIFACHFALTUNG –

Dies geschieht durch das Anbringen einer oder mehrerer Falten übereinander. Beginnen Sie, indem Sie zwei oder mehr Falten nach links drehen und dann die gleiche Anzahl nach rechts drehen. Seien Sie sehr genau und achten Sie darauf, dass die Kellerfalte genau die gewünschte Breite hat. Oben und unten heften. Bei dieser Faltung wird fast immer durch die Mitte geheftet, nachdem man sie leicht angedrückt hat. Anschließend werden die oberen und unteren Heftnähte entfernt. Die Falten können an der Ober- und Unterseite einer Kellerfalte zusammengeführt werden und werden dann als *Rosenfalten bezeichnet* .

STRAHLEND —

Dies ist die am schwierigsten herzustellende Faltung, aber auf diese Weise lassen sich sehr schöne Ornamente herstellen. Zum Annähen der Falten beim Verlegen ist in der Regel eine Unterlage aus Buckram erforderlich. Die beiden gegebenen Abbildungen genügen. Nachdem diese beiden Beispiele korrekt kopiert wurden, können problemlos andere Modelle und Originaldesigns erstellt werden.

GRUNDLAGEN VON BUCKRAM –

Das Fundament für den zweiten hat die Form einer niedrigen Pyramide aus Buckram. Schneiden Sie einen kleinen Kreis aus Buckram aus und schneiden Sie ihn an drei gleich weit entfernten Stellen vom äußeren Rand bis auf einen Abstand von einem Achtel Zoll zur Mitte ein. Eine kleine Menge lappen und nähen. Für dieses Ornament können drei oder mehr Faltenreihen verwendet werden. Für eine gewöhnliche Verzierung sind etwa fünf Meter breite Bänder erforderlich. Die erste Reihe würde in der Nähe der Außenkante des Buckrams platziert und jede Falte beim Verlegen vernäht werden. Die Falten sollten strahlenförmig von der Mitte ausgehen. Dazu wird die Innenseite der Falte stärker überlappt als die Außenseite. Die nächste Zeile überlappt diese erste Zeile und es wird dieselbe Methode verwendet. Die Faltung kann getestet werden, indem man ein Lineal an eine

Linie zwischen der Ober- und Unterkante der Faltung hält. Die Falten sollten zwischen diesen Punkten alle auf einer geraden Linie liegen. Die letzte oder letzte Reihe ist die schwierigste von allen. Die Falten am Scheitelpunkt sollten zusammentreffen und die Falten an der unteren Überlappungskante sollten auf einer Linie mit dem Rest der Falten liegen. Manchmal wird das Oberteil mit einer kleinen Schleife oder einem kleinen Knopf versehen, aber es sieht viel schöner aus, wenn es ohne Schleife oder Knopf gefertigt wird.

POMPONS

MALINE- Pompons sind eine sehr hübsche Verzierung für jeden Hut. Sie können wie in der Abbildung perfekt rund oder länglich sein. Es können mehrere Materialstärken gleichzeitig geschnitten werden. Die Form der Stücke für den länglichen Pompon würde wie Muster „a" geschnitten werden. Jedes Stück wird der Länge nach gefaltet und diese Falte wird an einem Draht befestigt, der zuvor mit Maline umwickelt wurde. Die Kanten dieser Stücke bleiben roh und es wird so viel verwendet, dass der Pompon ziemlich kompakt aussieht.

BANDROSETTEN

ES gibt viele verschiedene Arten von Rosetten aus Bändern. Manchmal werden mehrere Bandschlaufen sehr eng aneinander gelegt und beim Raffen mit Faden umwickelt. Eine sehr hübsche Rosette besteht aus einem schmalen Band mit einer Breite von einem Viertel Zoll. Viele Schleifen mit einer Länge von mindestens 3 Zoll von dieser Breite können an einem kleinen Stück Buckram befestigt werden. Ein am Ende jeder Schlaufe angebrachter Knoten erhöht die Attraktivität.

ROSETTEN AUS ALTEN FEDERN –

Eine alte Feder kann zum Trimmen eines Hutes verwendet werden, indem man sie mit einem sehr scharfen Messer oder einer Rasierklinge von der Feder abschneidet und dabei einen kleinen Teil der Feder übrig lässt, der ausreicht, um die Federn zusammenzuhalten. Dieser wird auf einen feinen Draht genäht und kann dann zu einer Rosette gewickelt werden. Eine kleine Blume in der Mitte ist eine schöne Ergänzung.

KAPITEL VIII

HANDGEMACHTE BLUMEN

BLUMEN

BENÖTIGTES MATERIAL :

Bindedraht, grün

Zahnfleischgewebe, braun und grün

Watte aus Baumwolle

Hutmacherkleber

Gelbe Staubblätter

Dunkelgrünes Seidenpapier

BLUMEN können aus fast jedem Stoff hergestellt werden – Satin, Samt, Georgette, Malin, Band, weiches Leder, Wachstuch, Garn und Chenille. Für kleine Materialstücke sollte immer ein Sammelbeutel für Kleinkram bereitgehalten werden. Jedes Stück von zwei Zoll im Quadrat kann für Blumen oder Früchte verwendet werden. Ein solcher Beutel mit Stücken wird sich als wahre Goldgrube für die Herstellung von Blumen und Obstbesätzen erweisen. Jedes Jahr gibt es Neuheiten in Sachen Besatz, aber handgefertigte Blumen werden immer mehr oder weniger auf Hüten, Kleidern, Anzügen und Muffs getragen. Besonders schön wirken sie auf Abendkleidern. Eine großzügige Anzahl der besten Beispiele finden Sie hier mit Abbildungen.

Die Blütenblätter einer beliebigen Blume vorzubereiten ist nicht schwierig, aber sie zu arrangieren ist eine andere Sache. Studieren Sie das Gesicht jeder Blüte, die Sie herstellen, und versuchen Sie, sie so natürlich wie möglich aussehen zu lassen. Es ist sehr wichtig, die Blütenblätter vor dem Nähen festzustecken, da sie sonst beim Nähen leicht vom Stiel zurückrutschen könnten.

A. AMERICAN BEAUTY ROSE MIT DETAIL. B. BANDROSE. C. KIRSCHEN MIT DETAIL. D. ORCHIDEEN MIT LILIEN DES TALS. E. ROSINEN. F. GEDRAHTETE ROSE MIT DETAIL. G. POINSETTIA.

AMERIKANISCHE SCHÖNHEITSROSE –

Diese Rose kann aus Seide oder Satin bestehen; es kann beliebig viele Blütenblätter haben. Jedes Blütenblatt wird wie in der Abbildung (1) aus einem Stück gefaltetem Material geschnitten. Es ist äußerst wichtig, dass die gefaltete Kante *schräg* verläuft . Beginnen Sie mit der Rose, indem Sie wie in der Abbildung drei Blütenblätter ausschneiden, wobei die Schrägkante 3,5 cm lang sein sollte. Führen Sie einen Rafffaden in einem Abstand von einem Achtel Zoll von der gebogenen Kante entfernt und lassen Sie dabei einen Faden von einer Länge von einem Zoll übrig, damit das Blütenblatt beim Feststecken angepasst werden kann. Machen Sie eine 2,5 cm lange Schlaufe am Ende eines 15 cm langen Drahtstücks. Bedecken Sie diese Schlaufe mit einem kleinen Kreis aus Stoff wie der Rose. Manchmal erweist es sich als vorteilhaft, diesen Kreis mit Watte zu füllen, um eine weiche Mitte für die Rose zu schaffen.

Für eine normalgroße Rose sollten achtzehn Blütenblätter vorhanden sein. Von den ersten drei wird bereits beschrieben, dass sie eine

Vorspannung von anderthalb Zoll haben. Die nächstgrößere Größe sollte eine Vorspannung von 5 cm haben und entsprechend breiter sein; Die nächsten fünf sollten eine Vorspannung von zweieinhalb Zoll und die nächsten fünf eine Vorspannung von drei Zoll haben. Die drei kleinen Blütenblätter sollten vor dem Nähen um die abgedeckte Drahtschlaufe herum angeordnet und festgesteckt werden. Sicher nähen. Jede Reihe sollte, da sie der Größe nach angeordnet ist, festgesteckt und sorgfältig überprüft werden, um sicherzustellen, dass sie effektiv platziert ist. Jede Reihe sollte etwas höher platziert werden als die vorherige. Achten Sie darauf, dass die Vorderseite der Blume möglichst einer echten Rose ähnelt, sodass die Rückseite so aussehen kann, wie sie sein soll.

Mit etwas Erfahrung wird man schnell leistungsfähig und lernt, die verschiedenen Materialien anzupassen. Da einige Materialien biegsamer sind als andere, kann die Form der Blütenblätter je nach Bedarf leicht geändert werden. Die Rückseite der Rose kann durch Hinzufügen einer ausreichenden Anzahl grüner Blätter, die von einer weggeworfenen Blüte stammen oder zu diesem Zweck gekauft wurden, vervollständigt werden. Zur Vervollständigung der Basis wird außerdem ein kleiner grüner Becher hinzugefügt. Diese können an Bandschaltern gekauft werden. Die für diese Rose verwendete Knospe kann aus den drei kleinsten Blütenblättern hergestellt werden. Bei dieser Rose muss auch etwas grünes Blattwerk verwendet und der Stiel mit einem schmalen graugrünen Band oder mit Gummituch umwickelt werden, das vor der Verwendung erwärmt werden sollte. Die inneren Blütenblätter können einen dunkleren Farbton haben als die äußeren Blütenblätter.

BANDROSE –

Für die Herstellung einer mittelgroßen Bandrose sind zwei Meter Satinband mit einer Breite von zwei Zoll erforderlich. Es gibt verschiedene Methoden, um die Mitte dieser Rose herzustellen. Eine einfache Mitte für diese Rose kann aus einem zehn Zentimeter langen Stück des Bandes hergestellt werden. Falten Sie dies in zwei Hälften. Die Kanten an einer Seite zusammennähen. Drehen Sie es um und füllen Sie es mit Watte, um die das Ende eines 15 cm langen Stücks Rahmendraht gewickelt ist. Auf diese Watte kann ein wenig Rosenduftsäckchenpulver gestreut werden, um der Blüte Duft zu verleihen. Sammeln Sie den Satin dicht am Draht, nachdem Sie die Ecken an den unteren Kanten abgerundet haben. Zwei Meter sollten diese Mitte und achtzehn Blütenblätter ergeben. Es können mehr hinzugefügt oder weniger verwendet werden. Schneiden Sie für die erste Reihe drei Stücke mit einer Länge von jeweils 7,5 cm ab; die zweite Reihe, fünf Längen von jeweils dreieinhalb Zoll Länge; dritte Reihe, fünf Längen, jeweils 10 cm lang; vierte Reihe fünf Längen von 10,5 cm Länge. Jedes Blütenblatt wird auf die gleiche Weise fertiggestellt, bevor es festgenäht wird. Falten Sie die beiden Enden zusammen, drehen Sie jede Ecke des gefalteten Endes diagonal nach unten und stecken Sie es fest. Heben Sie nun das Ende auf der Rückseite des Blütenblatts an und fassen Sie die Ecken mit ein paar kleinen Stichen fest. Setzen Sie das Ende wieder ein und fassen Sie die Schnittkanten zusammen, aber ziehen Sie sie nicht zu nah zusammen. Bereiten Sie alle Blütenblätter auf die gleiche Weise vor, bevor Sie mit dem Nähen in der Mitte beginnen. Manchmal wird in jedes Blütenblatt ein kleines Stück Baumwolle gelegt, um die Rose größer erscheinen zu lassen. Wenn alle Blütenblätter fertig sind, beginnen Sie mit der Rose, indem Sie zuerst die drei kleinsten Blütenblätter hinzufügen. Stecken Sie sie rund um die Mitte fest, wickeln Sie sie eng darum und lassen Sie sie etwa einen Achtel Zoll über die Spitze hinausragen. Fügen Sie die nächste Reihe hinzu und stecken Sie jedes Blütenblatt vor dem Nähen fest. Platzieren Sie jede nachfolgende Reihe einen Achtel Zoll über der vorherigen. Beobachten Sie das Gesicht der Blüte genau und achten Sie darauf, dass sie so natürlich wie möglich aussieht. Die Rückseite der Blüte wird, wenn sie fertig ist, entweder mit ein paar alten Rosenblättern und einem Rosenbecher oder mit Spitzen aus grünem Band, die so aufgenäht sind, dass sie an Blätter erinnern, bedeckt. Es kann ein Gummistiel gekauft werden, der über den Draht gestülpt wird, auf den die Rose genäht ist, oder der Draht kann mit grüner Seide, Babyband, grünem Seidenpapier oder Zahnfleischgewebe umwickelt werden. Wenn die Rose ausgewachsen sein soll, wäre es viel besser, die Mitte aus gelben Staubgefäßen zu machen.

Wildrose aus Seide –

Die Blütenblätter für die Wildrose können nach dem gleichen Muster wie für die erste gegebene Rose geschnitten werden. Das gleiche Muster wird für viele verschiedene Blumen verwendet – die Wildrose, die Apfelblüte, die Duftwicke und für Blattwerk.

Verwenden Sie für die Wildrose die Größe mit der Vorspannung von 5 cm. Fassen Sie einen Zentimeter von der gebogenen Kante ab, ziehen Sie es fest nach unten und befestigen Sie den Faden. Diese Rose benötigt fünf Blütenblätter und sieht natürlicher aus, wenn zwei der Blütenblätter einen dunkleren Farbton haben als die anderen drei. Wickeln Sie für die Mitte ein Stück Bindedraht um mehrere gelbe Rosenstaubblätter, die Sie in einem Modegeschäft kaufen können, und lassen Sie die Drahtenden fünf bis sechs Zoll lang. Ordnen Sie die Blütenblätter flach um diese Mitte herum an und nähen Sie sie fest. Die Blütenblätter sollten flach oder fast flach aufliegen. Eine Knospe dieser Rose entsteht, indem man ein Blütenblatt nach dem Sammeln zusammenfaltet. Die Knospe kann effektiv veredelt werden, indem man zwei Blätter verwendet, eines auf jede Seite legt, die Knospe teilweise bedeckt und sie dann mit dem Draht oder einem kleinen grünen Rosenbecher abschließt. Um den Draht fertigzustellen, machen Sie eine Schlaufe in der Mitte eines 25 cm langen Stücks Kabelbinder . Nähen Sie die

Knospe an diese Schlaufe. Drehen Sie den Draht mehrere Male etwa einen Zentimeter unterhalb der Knospe, drehen Sie dann ein Ende des Drahtes zurück und drehen Sie es um den Stiel, bis Sie die Knospe erreichen. Wickeln Sie es mehrmals über die Basis der Knospe, ziehen Sie es fest und achten Sie darauf, dass der Draht eng beieinander liegt. Dies wird der Knospe ein Ende bereiten.

LAUB —

Das Rosenblatt kann auf Wunsch selbst angefertigt werden. Schneiden Sie die Blätter aus grünem Satin oder Samt oder färben Sie sie mit Wasserfarbe grün, wenn ein helles Material verwendet werden muss. Nachdem Sie die Stücke in die Form von Rosenblättern geschnitten haben (es werden zwei Stücke für jedes Blatt benötigt), legen Sie eine falsche Seite nach oben und bedecken Sie sie mit Hutmacherkleber. Legen Sie in der Mitte ein Stück Kabelbinder auf, das lang genug für den Stiel ist. Darauf ein weiteres Blatt legen und zusammendrücken. Wenn alle Blätter nach dieser Methode hergestellt sind, ordnen Sie sie auf einem langen Stiel oder Draht an, und wenn Sie sie mit braunem Gummigewebe umwickeln, sieht es sehr natürlich aus.

KLEINE WUNDROSE AUS STOFF –

Schneiden Sie aus einer echten Schräge einen 2,5 cm breiten und 10 cm langen Stoffstreifen ab. Der Länge nach durch die Mitte falten. Drehen Sie die Rohkanten an einem Ende ein und fassen Sie entlang der Rohkanten einen Abstand von einem Achtel Zoll von der Kante ab. Ziehen Sie den Faden bis zu 2,5 cm hoch, rollen Sie ihn auf, beginnend mit dem gefalteten Ende, und nähen Sie ihn fest. Falls gewünscht, kann vor dem Raffen ein Stück Bindedraht in die Falte geklebt werden. Diese kleinen Rosen können auf einen Stiel genäht oder auf ein geformtes Stück Buckram genäht werden, das mit Seide überzogen wurde. Es kann die Form einer Schnalle oder eines Kreises haben und mit diesen kleinen Rosen in verschiedenen Farben, Rosa, Blau und Lila, bedeckt sein. Flach an der Krone oder an der Krempe angenäht, würden sie einen Hut effektiv beschneiden.

DRAHTROSE –

Diese Rose ist, wenn sie sorgfältig hergestellt wird, äußerst schön und wird zu einem exorbitanten Preis verkauft. Um die Rose wie abgebildet anzufertigen, ist ein viertel Meter schräg zugeschnittener Satin und ein Achtel Meter schräg zugeschnittener Samt erforderlich. Wenn der Samt einen oder mehrere Nuancen dunkler ist, wird das Ergebnis gefälliger.

Die Rose besteht aus Blütenblättern, die wie auf der Abbildung geschnitten sind. Die ersten drei Blütenblätter werden aus den in der Abbildung angegebenen Maßen geschnitten: zwei Zoll lang und eindreiviertel Zoll breit. Die nächsten fünf Blütenblätter sollten einen Viertel Zoll größer sein, und jede nachfolgende Reihe von fünf Blütenblättern sollte einen Viertel Zoll größer sein als die vorhergehende. Die letzte Reihe Blütenblätter soll aus Samt gefertigt werden. Schneiden Sie ein Stück des Kabelbinders ab, das so lang ist, dass es um die Außenkante jedes Blütenblatts herumreicht, plus eineinhalb Zoll. Legen Sie die Blütenblätter mit der falschen Seite nach oben hin, biegen Sie den Draht in die Form des Blütenblatts, legen Sie den Draht nahe an die Kante, drehen Sie die rohe Kante um einen Achtel Zoll über den Draht und kleben Sie sie mit Hutmacherkleber fest. Legen Sie ein leichtes Gewicht auf die Blütenblätter, bis sie vollständig trocken sind.

Beginnen Sie mit dem Zusammensetzen der Blüte, indem Sie zunächst aus einigen Resten des Samts eine Mitte formen. Sie können auch gelbe Rosenstaubblätter verwenden. Falten Sie mehrere kleine Stücke zu knospenähnlichen Formen von etwa 2,5 cm Länge, nähen Sie fest zusammen und befestigen Sie sie an einer 15 cm langen Drahtschlaufe. Halten Sie den Punkt, an dem alle Blütenblätter zusammengefügt werden, auf einem möglichst kleinen Umfang. Beginnen Sie mit den drei kleinen Blütenblättern, falten Sie sie unten auf möglichst kleinem Raum und nähen Sie mit der linken Seite zur Mitte bis zur Mitte. Nach dem Anordnen können die Ränder etwas nach unten geknickt werden. Fügen Sie die restlichen Blütenblätter entsprechend ihrer Größe hinzu. Die letzte Reihe Samtblütenblätter sieht ziemlich hübsch aus, wenn man ein oder mehrere mit der rechten Seite zur Mitte hin platziert.

FLACH AUFGEKLEBTE BLÜTE –

Eine herkömmliche Blume, die einen schönen Besatz ergibt, kann nach dem Muster der zuerst gegebenen Drahtrose hergestellt werden. Schneiden Sie fünf Blütenblätter (beliebiger Größe) aus Samt und fünf gleich große Blütenblätter aus Seide oder Satin. Legen Sie die Samtblütenblätter mit der falschen Seite nach oben und bedecken Sie sie mit Hutmacherkleber. Legen Sie darauf ein Stück Bindedraht, einen Viertelzoll vom Rand entfernt, so dass die Enden des Drahtes an der Unterseite des Blütenblatts verlängert werden können. Legen Sie das Seidenblütenblatt darauf und drücken Sie es fest an. Wenn sie trocken sind, ordnen Sie diese fünf Blütenblätter um eine Gruppe gelber Staubblätter an, die an einer Schlaufe aus Bindedraht befestigt wurden . Diese Blüte sollte flach liegen, wenn sie fertig ist. Selbstverständlich kann die Form der Blütenblätter beliebig verändert werden.

WEIHNACHTSSTERNE —

Die Blütenblätter dieser Blüte sind ebenfalls auf ein Futter geklebt, wodurch der Weihnachtsstern eine schöne Verzierung ergibt. Während ein leuchtendes Rot äußerst schön ist, ist ein schwarzer Weihnachtsstern ebenso wirkungsvoll. Die Blütenblätter sollten aus Samt sein und mit gleichfarbigem Satin gefüttert sein. Da diese Blütenblätter schmal sind, benötigen sie nur einen Draht durch die Mitte. Nachdem die Blütenblätter vorbereitet wurden, sollten sie um ein Bündel gelber Staubgefäße oder ein geknotetes Babyband herum angeordnet werden.

Das Blattwerk besteht aus grünem Samt, gefüttert mit grüner Seide. Die beigefügte Abbildung zeigt die Proportionen der Blütenblätter und des Blattwerks. Die Stängel können mit grünem oder braunem Zahnfleischgewebe umwickelt sein.

MOHNBLUMEN —

Mohnblumen können aus einem siebzehn Zoll langen und zweieinhalb Zoll breiten Band hergestellt werden. Schneiden Sie zwei Stücke mit einer Länge von fünfeinhalb Zoll ab. Dadurch bleibt ein Stück sechs Zoll lang. Dadurch entstehen fünf Blütenblätter. Schneiden Sie die Enden der 13 cm langen Stücke rund ab und schneiden Sie ein Ende des 15 cm langen Stücks rund ab. Beginnen Sie in der Mitte, nah an der Kante, und raffen Sie mit einem kleinen Laufstich. Drehen Sie die Rohkanten ein und ziehen Sie den Faden so weit heraus, dass sich die abgerundeten Enden über 2,5 cm krümmen, und befestigen Sie den Faden. Diese beiden langen Stücke ergeben vier Blütenblätter. Falten Sie sie in der Mitte sehr eng, nähen Sie sie zusammen, beenden Sie das einzelne Blütenblatt auf die gleiche Weise und fügen Sie es zu den vier Blütenblättern hinzu. Ein geknotetes schwarzes Babyband oder gelbe Staubblätter oder beides ergeben einen schönen Mittelpunkt.

WINDEN –

Schneiden Sie einen Kreis aus Papier mit einem Durchmesser von 10 cm aus. Ein Viertel davon wird das Muster für eine Winde sein. Der Kreis kann bei Bedarf größer sein, die Größe sollte jedoch etwas vom verwendeten Material abhängen. Diese Maße gelten für eine kleine Blüte aus Taftseide oder Organdie. Bei Samt oder schwerer Seide sollte das Muster viel größer sein.

Läppen Sie die geraden Kanten etwa einen Achtel Zoll ein und kleben Sie sie fest. Das ergibt einen Kegel. Schneiden Sie ein 15 cm langes Stück Bindedraht ab, legen Sie ein Ende über mehrere Knoten gelbes Babyband und drehen Sie es fest. Schieben Sie das andere Drahtende von innen durch den Kegel und ziehen Sie die Knoten nach unten in die Spitze. Biegen Sie den Draht am unteren Ende der Außenseite der Blüte kurz um, damit er nicht auf dem Draht herunterrutscht. Die Oberkante des Kegels kann bei Bedarf über ein Stück Bindedraht gerollt und verklebt werden; Normalerweise bleibt es ohne Nähen oder Kleben an Ort und Stelle. Der

Rand sollte leicht gedehnt sein. Organdie- oder Taftseide bleibt ohne den Bindedraht an Ort und Stelle gerollt. Bei diesen Blumen kommt Wasserfarbe am effektivsten zum Einsatz, um die Schattierung so naturgetreu wie möglich zu gestalten. Wenn sie aus Samt bestehen, können sie an der seitlichen Verbindungsstelle flach auf einen Hut genäht werden, während ein großes Staubblatt aus gedrehtem Band oder Chenille angefertigt werden kann, um die Verbindungsstelle im Kegel zu bedecken.

ORCHIDEE —

Diese Blüte eignet sich besonders für das Gewand der Matrone oder überall dort, wo ein Hauch Lavendel gewünscht wird. Es lässt sich wirkungsvoll mit Veilchen, Maiglöckchen und Frauenhaarfarn kombinieren. Die Blütenblätter bestehen aus einem 1,5 Zoll breiten Satinband und haben den eigentümlichen rosa-lavendelfarbenen Orchideenton. Insgesamt gibt es fünf Blütenblätter – für jedes sind 17 cm Band erforderlich . Drei der Blütenblätter sollten nach Möglichkeit ein bis zwei Nuancen dunkler sein als die anderen beiden.

Falten Sie ein 7-Zoll-Stück Band (eineinhalb Zoll breit) mit der rechten Seite nach außen in zwei Hälften. Wie auf der Abbildung in Form schneiden. Nähen Sie eine Naht entlang der gekrümmten Kante, einen Achtel Zoll von der Kante entfernt. Drehen Sie eine sehr kleine Schlaufe in ein Ende eines 7-Zoll-Bindedrahtstücks und befestigen Sie es am gefalteten Ende des Bandes. Führen Sie diesen Draht entlang der Rohkanten über, drehen Sie ihn auf die linke Seite und nähen Sie den Draht mit einer 2,5 cm breiten Naht auf der linken Seite ein. Dadurch entsteht eine französische Naht. Spreizen Sie nun das Blütenblatt flach auf und schieben Sie es auf dem Draht nach oben, bis das Blütenblatt eine Länge von 15 cm hat. Sammeln Sie die rohen Enden und wickeln Sie sie fest um den Draht. Die anderen vier Blütenblätter auf die gleiche Weise fertigstellen.

MUSTER NR. 1 FÜR DIE MITTE –

Dazu ist ein Stück Samtband mit einer Breite von 1,5 Zoll und einer Länge von 10 Zoll erforderlich. Dieses Band sollte nach Möglichkeit dunkler sein als das dunkelste Blütenblatt, aber natürlich harmonieren. Rollen Sie die Enden und säumen Sie sie. Sammeln Sie es entlang einer Kante und ziehen Sie es eng um das geschlungene Ende eines Kabelbinders herum, an dem ein Bündel gelber Staubblätter befestigt ist. Die Blüte sollte so angeordnet werden, dass die drei dunkleren Blütenblätter hinten in der Mitte nach oben zeigen und die anderen beiden vorne herabhängen.

MUSTER NR. 2 FÜR DIE MITTE –

Diese Mitte besteht aus einem Stück Samtband mit einer Länge von dreieinhalb Zoll und einer Breite von eineinhalb Zoll. Der Länge nach falten, mit der Satinseite nach außen. Nähen Sie an einem Ende gerade quer, sodass eine Naht von einem Achtel Zoll Tiefe entsteht, und drehen Sie es. Schneiden Sie das andere Ende wie in der Abbildung ab und nähen Sie es mit der Samtseite nach außen, wobei Sie unten einen kleinen Raum zum Einführen des Drahtes lassen. Das sieht jetzt so etwas wie ein „Jack in the Pulpit" aus. Drehen Sie ein paar gelbe Staubblätter am Ende eines 17 cm langen Kabelbinders, schieben Sie das andere Ende nach unten durch die kleine Öffnung am unteren Punkt und ziehen Sie die Staubblätter so tief wie gewünscht nach unten. Machen Sie in der Nähe der Blüte eine kleine, kurze Schlaufe im Bindedraht, damit diese nicht wieder auf den Draht rutscht.

Jedes Jahr gibt es neue Entwicklungen in der Blumenherstellung, aber die Prinzipien sind die gleichen. Wenn einige davon gemeistert werden, bereitet das Kopieren anderer, die von Jahr zu Jahr erscheinen können, normalerweise kaum Schwierigkeiten. Schöne Blumen können aus einigen Zentimetern übriggebliebener Hutzöpfe oder aus Wolle und Bast, Maline oder farbigen Netzen hergestellt werden.

Diese können unter Verwendung des gleichen Musters wie für die American Beauty-Rose hergestellt werden, wobei die gewünschte Größe ausgewählt werden muss. (Siehe Abbildung .) Legen Sie einen Streifen Kabelbinder entlang der Schrägfalte nach innen. Entlang der gebogenen Kante raffen und fest nach unten ziehen. Dadurch werden die beiden Enden des Kabelbinders zusammengeführt und sollten leicht verdreht werden. Ordnen Sie vier oder fünf Blätter um ein paar gelbe Staubblätter an. Wenn grüner Bindedraht verwendet wird, ist es nicht notwendig, die Stiele aufzuwickeln; Andernfalls kann sich braunes Zahnfleischgewebe um den Stiel wickeln. Aus diesem Muster können viele verschiedene Blüten hergestellt werden, die leicht variiert werden, z. B. Rosenknospen, Edelwicken und Apfelblüten.

EDELWICKEN –

Schneiden Sie vier Blütenblätter nach dem gleichen Muster aus, sodass eines etwa 3,5 cm und zwei 2,5 cm lang sind. Dann ein kleines für die Mitte, oder Sie können ein paar Knoten Babyband für die Mitte verwenden. Ordnen Sie die Blütenblätter zu einer natürlich wirkenden Blüte an.

VEILCHEN –

Keine Blume ist beliebter als das Veilchen, und eine Gruppe hübscher Veilchen ist zu jeder Zeit ein äußerst angenehmes Geschenk.

Es wird ein violettfarbenes Satinband mit einer Breite von etwa einem Viertel Zoll verwendet. Beginnen Sie damit, einen Knoten einen Zentimeter vom Ende entfernt zu knüpfen, und machen Sie einen weiteren Knoten einen Zentimeter von diesem Knoten entfernt. Fahren Sie fort, bis fünf oder sechs Knoten einen Zoll voneinander entfernt sind. Versuchen Sie beim Binden, die Satinseite des Bandes herauszuhalten und einen möglichst runden Knoten zu bilden, indem Sie die Bandkanten am Knoten zusammendrücken. Nicht zu fest binden. Ein wenig Übung ist nötig, aber die Blüte ist leicht herzustellen. Halten Sie den ersten Knoten zwischen Daumen und Finger, ziehen Sie den dritten Knoten hoch und platzieren Sie ihn, dann den fünften usw., bis alle Knoten platziert sind – normalerweise drei auf einer Seite und zwei oder drei auf der anderen. Schneiden Sie den grünen Bindedraht für die Stiele sechs bis sieben Zoll lang ab. Wickeln Sie einen Zentimeter des Endes über das Band zwischen diesen gefalteten Knoten und drehen Sie es. Schneiden Sie das Band spitz ab und lassen Sie dabei ein Ende von einem halben Zoll übrig.

Bei Bedarf können zwei Farbbänder verwendet werden. Manchmal werden nach der Herstellung der Blüte ein paar gelbe Staubblätter mit dem Draht befestigt oder in der Mitte ein paar französische Knoten in Gelb hinzugefügt, aber beides ist nicht nötig und trägt nur wenig zur Schönheit dieser kleinen Blüte bei. Formen Sie die Blütenblätter um die Mitte herum nach oben.

Das Blattwerk für diese Blume kann gekauft oder nach Anleitung an anderer Stelle hergestellt werden. Ein Sprühnebel aus fast jedem Blattwerk reicht aus. Eine kleine Rosenknospe, eine Prunkwinde oder eine Orchidee zu einem Veilchenstrauß verleihen ihm doppelten Charme.

GÄNSEBLÜMCHEN —

Gänseblümchen können aus einem viertel Zoll breiten Band hergestellt werden, wobei beliebig viele Blütenblätter verwendet werden können. Schneiden Sie das Band in zweieinhalb Zoll lange Stücke. Machen Sie einen Knoten in der Mitte. Nähen Sie die Enden an ein kleines, rundes Stück Buckram. Wenn zwei Reihen Blütenblätter verwendet werden, kann die zweite Reihe um einen Viertel Zoll kürzer gemacht werden. Die Mitte kann mit vorgefertigten Gänseblümchen oder ein paar französischen Knoten bedeckt werden. Der Drahtstiel ist auf der Rückseite am Buckram befestigt und kann mit grüner Seide umwickelt werden.

GERANIEN —

Diese Blumen bestehen aus geranienfarbenem Satinband. Verwenden Sie die gleiche Methode wie bei der Herstellung von Veilchen, außer dass immer gelbe Staubblätter hinzugefügt werden sollten.

OBST

ÄPFEL —

Das zur Herstellung von Äpfeln benötigte Material wird in Kreise beliebiger Größe und aus beliebigem Material geschnitten. Die Kante sollte um einen Sechzehntel Zoll umgeschlagen und rundherum gerafft sein. Legen Sie dies über ein Stück Watte, über das ein Stück Draht gedreht wurde, und lassen Sie die Enden lang genug für einen Stiel. Fügen Sie ausreichend Baumwolle hinzu, um das Material gut auszufüllen. Ziehen Sie den Faden fest und nähen Sie. Es kann ein Stich durch die Mitte geführt und nach unten gezogen werden oder ein kleines Büschel braunen Stickgarns in die Mitte genäht werden, um ein realistischeres Aussehen zu erzielen. Bei Bedarf kann der Apfel mit Wasserfarbe getönt werden. In diesem Fall sollte zunächst der gesamte Apfel angefeuchtet und dann die Farbe aufgetragen und trocknen gelassen werden.

KIRSCHEN —

Diese bestehen aus einem kleineren Materialkreis als der Apfel – Satin oder Samt würden eine bezaubernde Gruppe ergeben. Die verwendete Methode ist die gleiche wie beim Apfel, außer dass in der Mitte keine Masche vorhanden ist. Sie sollten auch gefüllt werden, bis sie hart sind. Benutzen Sie für die Stiele Kabelbinder.

PFLAUMEN —

Diese können aus einem Stück pflaumenfarbenem Material mit einer echten Schräge hergestellt werden, zweieinhalb Zoll lang und eineinhalb Zoll breit. Die Enden auf der linken Seite zusammennähen. Drehen Sie es und fassen Sie ein Ende einen Zentimeter vom Rand entfernt zusammen. Ziehen Sie den Faden fest und nähen Sie. Damit endet der „Schlag“. Drehen Sie die untere Kante um einen Achtel Zoll um und raffen Sie sie. Füllen Sie den Stoff mit Watte, an der ein Stück Bindedraht befestigt ist, ziehen Sie ihn nah am Draht fest und nähen Sie ihn fest. Fügen Sie vor dem Fertigstellen so viel Baumwolle hinzu, wie nötig ist, um die richtige Form zu erhalten.

ROSINEN —

Diese können aus einem gefalteten Kreis aus pflaumenfarbenem Material mit einem Abstand von einem Achtel Zoll vom Rand hergestellt werden, jedoch ohne Füllung mit Baumwolle. Nähen Sie das Ende des geschlungenen Bindedrahts an und wickeln Sie den Draht mit braunem Gummigewebe um. In einem Cluster anordnen. Erwärmen Sie das Tuch vor der Anwendung immer, damit es gut haftet.

TRAUBEN —

Diese werden genauso hergestellt wie Kirschen, mit der Ausnahme, dass eine Traube mehrere Größen hat. Sie sind wunderschön aus schwarzem

Samt gefertigt. Eine Traubentraube, die man flach an den Hut nähen kann, kann man herstellen, indem man Knopfformen unterschiedlicher Größe abdeckt und sie so auf einem Hut anordnet, dass sie wie eine Traube aussehen.

TRAUERNDE MILLINERY

HÜTE, die in der Trauer getragen werden, sind fast immer klein und bestehen aus schwarzem Krepp mit ein paar Falten aus weißem Krepp in der Nähe des Gesichts. Der Bezug aus Crêpe wird immer gefüttert, vorzugsweise mit Watte, um das gewünschte weiche Aussehen zu erzielen. Der Besatz besteht aus Hutmacherfalten oder flachen Blüten aus Crêpe . 98-1 Die verwendeten Trauerschleier können einen einfachen, von Hand genähten breiten Saum oder einen applizierten Saum haben. Der applizierte Saum sorgt für ein noch schöneres Finish.

ANGEWANDTER SAUM AN EINEM SCHLEIER –

Für einen 7,5 cm breiten Saum schneiden Sie einen 15 cm breiten Streifen zu, der lang genug ist, um um die Kante des Schleiers herum zu reichen, plus 7,5 cm für jede Ecke. So viel zusätzliche Länge ist erforderlich, um eine Ecke eines rechteckigen Schleiers auf Gehrung zu schneiden .

Falten Sie diesen Streifen der Länge nach in der Mitte und heften Sie ihn mit feinen Laufstichen einen Zoll von der Falte entfernt fest, um die Falte flach zu halten. Messen Sie diesen Streifen am Rand des Schleiers, um die Stelle zu ermitteln, an der die Falte an den Ecken auf Gehrung geschnitten werden muss . Schneiden Sie aus dieser Falte ein V-förmiges Stück bis auf einen Abstand von einem Viertel Zoll zur Falte ab. Beide Dicken durchschneiden. Nähen Sie diese Rohkanten mit einer Naht von einem Viertel Zoll Tiefe zusammen. Das Ergebnis ist eine auf Gehrung geschnittene Ecke. Jede Ecke sollte sorgfältig geplant und auf Gehrung geschnitten werden , bevor der Schleier angenäht wird. Drehen Sie anschließend beide Schnittkanten einen Viertel Zoll nach innen und heften Sie sie separat fest. Schieben Sie die Kante des Schleiers dazwischen, stecken Sie sie vorsichtig fest, heften Sie die Kanten fest und nähen Sie sie an den Schleier. Beide Kanten können gleichzeitig genäht werden. Wenn diese Arbeit sorgfältig durchgeführt wird, wird das Ergebnis die dafür aufgewendete Zeit mehr als lohnen.

Der Schleier ist ein sehr wichtiger Teil des Hutes und kann beliebig angepasst werden. Es kann Teil der Hutbedeckung sein und wird dann nach hinten hin in Falten gelegt, sodass es auf jede gewünschte Länge fallen kann. Es bildet einen schönen Hintergrund für das Gesicht. Trauermode wird nicht mehr so häufig verwendet wie früher, aber diejenigen, die an dem Brauch festhalten möchten, werden feststellen, dass sich der Stil kaum verändert hat.

98-1 **Siehe** Kapitel „Blumen".

KAPITEL IX

Umbau und Renovierung

Strohformen —

Krempe : Gut abbürsten, um den gesamten Staub zu entfernen. Wenn die Krempe zu breit ist, können einige Reihen Borte vom Rand entfernt werden und der Rand mit einer oder mehreren Reihen Zierborte derselben Farbe nachbearbeitet werden. Wenn die Verwendung eines Randdrahtes erforderlich erscheint, kann diese letzte Flechtreihe so gestaltet werden, dass sie ihn abdeckt, oder es kann eine Schrägfalte aus Satin, Seide, Samt oder Band über den Draht genäht werden.

Krone – Wenn sich herausstellt, dass die Krone eines Strohhuts für den aktuellen Stil zu niedrig ist, kann die Krone von der Krempe abgerissen, ein schmales Stück Buckram an der Unterseite der Krone angenäht und dann wieder an der Krempe festgenäht werden. Natürlich muss ein Beschnitt geplant werden, um diesen Buckram zu verdecken. Wenn die Krone zu hoch ist, können am unteren Ende der Krone einige Zopfreihen entfernt werden, die ausreichen, um die gewünschte Höhe zu erreichen.

Einen Strohhut in Form bringen –

Wenn die allgemeinen Umrisse einer Strohhalmform gut sind oder nur eine geringfügige Umformung erforderlich ist, kann dies zu Hause mit zufriedenstellenden Ergebnissen durchgeführt werden. Durch die Verwendung von schwerem Karton wirkt es wirklich wohnlich. Mit dieser Methode kann eine abgerundete Krone oben flach gemacht werden und eine leicht gewellte Krempe kann mit dieser Methode in eine gerade Krempe umgewandelt werden. Es ist eine Freude, aus einem alten, ausrangierten, ramponierten Strohhut einen frisch aussehenden und modernen Hut zu machen, eine Arbeit, auf die jeder stolz sein kann.

Schneiden Sie aus einem Stück schwerer Pappe die genaue Form und Größe aus, aus der der Kronenaufsatz gefertigt werden soll. Schneiden Sie ein weiteres Stück genau auf die Höhe der Krone und lang genug, dass es um den Kopf passt, sodass die Enden gerade zusammentreffen. Nähen Sie diese Pappstücke zusammen, sodass eine Krone genau die Form erhält, die Sie sich wünschen. Befeuchten Sie die Strohkrone ausreichend, damit sie sehr biegsam ist, und ziehen Sie sie über diese Pappkrone in Form. Drehen Sie die Krone auf eine ebene Fläche und legen Sie ein Gewicht in die Krone. Ein Bügeleisen oder ein kleines Steingefäß eignen sich gut als Gewicht. Die Außenseite mit einem Tuch fest und glatt zusammenbinden, feststecken und trocknen lassen. Nachdem es gründlich getrocknet ist, entfernen Sie das Tuch, und bevor Sie es vom Block nehmen, bedecken Sie es mit ein oder zwei Schichten guter Farbe, die Sie für diesen Zweck kaufen können. Dieser ist in mehreren Farben erhältlich, muss jedoch mit einem harten Pinsel aufgetragen und gut verrieben werden, um einen gleichmäßigen Farbton zu erzielen.

Wenn die Krempe rollt und flach gemacht werden soll, befeuchten Sie sie gründlich, drücken Sie sie flach auf eine glatte Oberfläche und bedecken Sie sie mit Gewichten. Lassen Sie es trocknen, dann können Sie einige Schichten Farbe auftragen. Wenn die Krempe von der Krone getrennt ist, kann der Hut komplett verändert werden, indem die Krempe über die Krone gestülpt wird und sie auf einer Seite oder auf der Rückseite etwa einen Zoll von der Unterseite entfernt bleibt, wodurch ein Bandeau entsteht, das sich zum Beschneiden eignet Blumen, Bänder oder Malinen. In diesem Fall wäre an der Unterseite der Krone ein am Rand angenähter Draht erforderlich, um sie in Form zu halten. Wenn ein hoher Glanz gewünscht wird, kann als letztes vor dem Zuschneiden eine Schicht Schellack aufgetragen werden.

LEICHTE STROHHÜTE –

Leichte Strohhüte können mit Wasser und Seife oder Benzin gereinigt werden. Wenn der Hut gebleicht werden muss, können Schwefel und Wasser verwendet werden, oder es kann eine handelsübliche Bleichflüssigkeit gekauft werden, die gemäß den gedruckten Anweisungen gebrauchsfertig ist. Zwei oder drei Farbschichten verändern die Farbe. Erfreuliche Ergebnisse werden manchmal durch die Verwendung zweier verschiedener Farben übereinander erzielt. Dies erfordert natürlich Erfahrung und sollte vor der Anwendung an einer Mütze ausprobiert werden.

WENN STROH NEU VERNÄHT WERDEN SOLL –

Vorsichtig vom Fundament abreißen; bürsten und vorsichtig andrücken. Manche Strohhalme vertragen das Anfeuchten nicht, also probieren Sie es zuerst mit einem kleinen Stück aus. Legen Sie es auf ein stark gepolstertes Brett und drücken Sie es auf der falschen Seite an.

PANAMAHÜTE –

Es ist viel zufriedenstellender, eine Panama an eine gute professionelle Reinigung zu schicken. Ein Panamahut kann weniger streng aussehen, indem an der Krempe ein transparenter Stoff wie Georgette oder Crêpe de Chine angebracht wird, der am Rand mit einem Draht versehen wird . Bei Bedarf kann der Besatz über die Krempe gelegt werden. Manchmal wird die gesamte Krone verändert, indem man sie mit einem eng nach unten gezogenen gemusterten Chiffon bedeckt, der unten mit einem Band und einer Schleife aus Band abgeschlossen wird.

Eine weitere Änderung könnte dadurch erfolgen, dass die gesamte Krone mit flach zusammengenähten Blütenblättern bedeckt wird, die mit grünen Blättern durchsetzt sind. Anschließend sollten sie mit einer oder mehr Schicht Malin bedeckt werden. Dies ist eine gute Möglichkeit, alte Blumen aufzubrauchen. Wenn die Blumen verschleiert sind, vertragen sie viele Farbretuschen.

ALTE BUCKRAM-RAHMEN –

Wenn eine abgedeckte Buckram-Form zerbrochen ist und ihre Form verloren hat, entfernen Sie die gesamte Abdeckung. Den Rahmen anfeuchten und mit einem heißen Bügeleisen andrücken. Beim Drücken der Krone muss eine Stoff- oder Papierrolle in der Hand gehalten werden. Ein Bruch im Buckram lässt sich nur schwer entfernen; Wenn jedoch kein neues Material verfügbar ist, kann viel mit dem alten gemacht werden. Entfernen Sie den Kopfgrößendraht nicht, es sei denn, es ist eine Bleistiftmarkierung an der Stelle angebracht, an der er angenäht werden soll.

Wenn der Draht für die Kopfgröße zu groß oder zu klein ist, ist es jetzt an der Zeit, ihn auszutauschen. Wenn die allgemeine Form der Krempe geändert werden soll, entfernen Sie den Randdraht und schneiden Sie ihn auf die erforderliche Breite zu. Wenn es herunterhängen oder rollen soll, schneiden Sie die Krempe von der Außenkante bis zum kopfgroßen Draht auf und überlappen Sie die Kante etwa einen Viertel Zoll lang. Bei Bedarf an mehreren Stellen einschneiden. Nähen Sie die beiden überlappten Kanten des Buckrams dicht an und bedecken Sie es mit einem flach angenähten Streifen Musselin oder Krinoline.

flacher oder ausgestellter sein soll , schneiden Sie sie auf und fügen Sie V-förmige Buckram-Stücke hinzu. Sollte die Kopfgröße völlig zu groß sein, kann Abhilfe geschaffen werden, indem die Krempe in zwei Hälften geteilt wird. Entfernen Sie den Kopfgrößendraht und den Kantendraht, indem Sie ihn von vorne nach hinten durchschneiden. Überlappen und nähen; Den Headsize- Draht auf die erforderliche Größe bringen und die Krempe wieder annähen. Schneiden Sie die Außenkante der Krempe ab und fügen Sie den Randdraht hinzu. Das Gleiche kann mit der Krone gemacht werden. Wenn es zu groß ist, teilen Sie es in zwei Hälften und läppen Sie die Kanten, bis es die erforderliche Größe hat. Sie können auch ein Stück Material hinzufügen, um die Krone zu vergrößern. Die Krone kann abgesenkt werden, indem ein Stück von der Basis abgeschnitten wird, oder angehoben werden, indem ein Stück schweres Material an der Basis hinzugefügt wird. Wenn eine stoffbezogene Krempe ausgetauscht wird, wird es schwierig sein, die alte Bespannung zu verwenden, aber manchmal ist es machbar.

BLOCKIEREN ÜBER DRAHTRAHMEN –

Wenn ein Buckram-Rahmen radikal geändert werden muss, kann dies durch Blockieren eines für diesen Zweck hergestellten Drahtrahmens erfolgen. Der Drahtrahmen sollte sechs statt vier Stäbe und Kreise haben, die nicht mehr als 2,5 cm voneinander entfernt sind und die gewünschte Form haben. Es können altes oder neues Buckram, Netteen oder jedes grobe Material, das stark gestärkt wurde, verwendet werden. Befeuchten Sie den Stoff gründlich mit warmem Wasser.

Blockieren Sie zuerst die Krone. Legen Sie das Material über die Krone und ziehen Sie es nach unten, bis alle Falten entfernt sind. Stecken Sie es rundherum eng am Kopfgrößendraht fest. Nach dem Trocknen mit einem Bleistift rundherum in der Nähe des Kopfgrößendrahtes markieren , aus dem Rahmen nehmen, an der Bleistiftmarkierung einschneiden und am Rand einen Kopfgrößendraht annähen. Sollten Spuren des zu entfernenden Drahtes vorhanden sein, halten Sie ein Tuch an die Innenseite der Krone und drücken Sie leicht mit einem heißen Bügeleisen darauf. Die Krempe wird auf die gleiche Weise verwaltet. Markieren Sie die Kopfgröße , schneiden Sie an dieser Stelle einen halben Zoll innerhalb der Markierung ab und nähen Sie einen Kopfgrößendraht an der Bleistiftmarkierung an. Markieren Sie den Kantendraht, schneiden Sie ihn an der Bleistiftmarkierung ab und schließen Sie ihn mit dem Kantendraht ab.

Wenn die Krempe eines Hutes nicht mehr erneuert werden kann, kann eine neue angefertigt werden, oder die Drahtkrempe eines alten Hutes kann mit einer Krone aus· Samt, Stoff oder Stroh verwendet werden. Die Drahtkrempe kann mit Georgette neu überzogen werden – eine alte, halb abgenutzte Taille eignet sich gut, indem man den Rücken oder die Ärmel oder alle Teile verwendet, die nicht zu stark abgenutzt sind. Wenn eine schwerere Krone verwendet wird, sollte der Rand einer durchsichtigen Krempe eine Stofffalte aufweisen, wie die Krone am Rand angenäht ist, oder eine Reihe Stroh, wenn die Krone aus Strohgeflecht besteht.

Filz- und Biberhüte –

Bei Verschmutzung mit Benzin und Maismehl reinigen. Um den Glanz wiederherzustellen, reiben Sie den Hut mit einem sehr feinen Stück Sandpapier, das über einen kleinen Holzblock geheftet wurde. Mit dem Nickerchen einreiben. Um den Vorgang abzuschließen, entfernen Sie das Schleifpapier und ersetzen es durch ein Stück Samt. Reiben Sie dies auf einem heißen Bügeleisen und dann auf Bienenwachs. Fahren Sie mit dem Reiben des Hutes mit dem Flor fort, bis er wieder seine ursprüngliche Frische erhält. Die Krone muss vor dem Reiben mit einem Tuch ausgepackt werden, damit sie stabil genug bleibt, um eine zufriedenstellende Arbeit zu leisten. Wenn die Krempe eines Filz- oder Biberhutes an der Kante abgeschnitten werden muss , markieren Sie mit einem Stück Kreide die Stelle, an der die Krempe abgeschnitten werden soll. Nähen Sie diese Linie mit einer fadenlosen Nähmaschine mehrmals an, dabei wird der Filz durchgeschnitten und die Kante an dieser Stelle abgebrochen. Das sieht viel besser aus, als wenn man es mit einer Schere oder einem Messer schneidet.

ERNEUERUNG VON HUTBEZÜGEN UND -FUTTERN —

Um den Samt aufzufrischen und den Flor anzuheben, bürsten Sie ihn gut ab, um den Staub zu entfernen. Halten Sie es mit der falschen Seite nach unten über den Ausguss eines Teekessels mit schnell kochendem Wasser. Es ist ein Assistent erforderlich, der es leicht bürstet, während es über dem Dampf hin und her geführt wird. Durch die große Kraft des Dampfes wird der Flor viel schneller angehoben als bei der Verwendung eines feuchten Tuchs über einem heißen Bügeleisen. Wenn sich herausstellt, dass der Samt nach dem Dämpfen immer noch zu unvollkommen oder verblasst ist, um ihn auf dem Hut zu verwenden, kann er in einem Abstand von einem halben Zoll oder mehr gerafft und entweder auf dem Scheitel oder der Krempe verwendet werden, oder er kann durch Aufbügeln gespiegelt werden Die rechte Seite mit einem heißen Bügeleisen bügeln, dabei immer leicht in eine Richtung bügeln und dabei eine schwungvolle Bewegung ausführen. Lassen Sie das Bügeleisen keine Sekunde lang auf dem Material ruhen, da es sonst Spuren hinterlässt.

ZUM AUFFRISCHEN VON CRÊPE FÜR DIE TRAUERMODE –

Bürsten Sie den Crêpe mit einer feinen Bürste ab, um den Staub zu entfernen. Bei Bedarf in Benzin reinigen. Crêpe kann wie neu aussehen, wenn man es glatt und gleichmäßig auf eine gepolsterte Oberfläche legt, ein feuchtes Tuch darüber legt und dann ein heißes Bügeleisen darüber führt, ohne es zu berühren, aber nahe genug, dass eine leichte Menge Dampf es befeuchtet Krepp. Entfernen Sie das Tuch und lassen Sie den Crêpe an Ort und Stelle trocknen. Crêpe sieht schnell schäbig aus, wenn man es nicht richtig pflegt.

FEDERN REINIGEN, LOCKEN UND FÄRBEN –

Zum Reinigen tauchen Sie die Feder in Benzin, dem einige Löffel Maismehl hinzugefügt wurden. Ziehen Sie die Feder mehrmals durch die Hände, bis sie sauber ist. In klarem Benzin abspülen und an der frischen Luft schütteln, bis es trocken ist. Eine sehr helle oder weiße Feder kann gefärbt werden , indem man etwas Ölfarbe in dem zum Spülen verwendeten Benzin auflöst.

Zum Locken ziehen Sie die Locken einzeln über ein stumpfes Messer. Es ist ziemlich schwierig, einen Federbusch auf einen Hut zu nähen und den gewünschten Effekt zu erzielen. Das Ende des Federkiels darf sehr fest an den Hut genäht werden, während die Spitze des Federbusches nicht zu nah am Hut angenäht werden sollte, da sie sonst steif aussieht.

BÄNDER —

Bei Verschmutzung können sie mit einer Bürste in Benzin oder Wasser und Seife gereinigt werden. Nicht reiben oder auswringen. Zum Abtropfen aufhängen oder fest um eine Flasche wickeln und trocknen lassen. Bei Reinigung in Benzin erst nach 24 Stunden drücken. Um zusätzliche Steifheit zu erzielen, spülen Sie es in einer schwachen Lösung aus Zucker und Wasser aus. Es ist auch sehr einfach, die Farbe von Bändern zu ändern, indem man handelsübliche Kaltfarben verwendet.

BLUMEN —

Wenn die Blumen verblasst sind, können sie mit Wasserfarbe aufgefrischt werden. Wenn sie rosa sind, kann Rouge wirkungsvoll eingesetzt werden. Wenn die Kanten stark ausgefranst sind, schneiden Sie sie mit der Schere leicht ab. Grüne Blätter können in heißes Paraffin getaucht werden, um ihren Glanz wiederherzustellen, oder mit einem warmen Bügeleisen ohne Paraffin gepresst werden. Selbst sehr unvollkommene Blumen können durch einen Schleier aus Malin oder Georgette schön zur Geltung gebracht werden.

FEDERN —

Federkiele werden manchmal verbessert, indem man sie zwischen Daumen und Finger führt und eine kleine Menge Vaseline oder Öl aufträgt. Eine Feder kann gebogen werden, indem man sie über den Auslauf eines Teekessels mit schnell kochendem Wasser hält. Setzen Sie ein stumpfes Messer auf die Unterseite und drücken Sie so fest auf die Feder, dass eine scharfe Delle entsteht. Tun Sie dies jeden halben Zoll. Wenn die Feder ausreichend gedämpft ist, lässt sich dies leicht bewerkstelligen und das Ergebnis ist dauerhaft.

FLÜGEL –

Lose Federn sollten festgeklebt und der Flügel mit Maline oder einem gleichfarbigen Haarnetz abgedeckt werden. Die Flügel können mit einer Schellackschicht überzogen sein, die sie steifer macht und ihnen ein sehr glänzendes Aussehen verleiht.

SPITZE —

Die meisten Schnürsenkel können in warmem Seifenwasser gewaschen werden. Sanft in die Hände drücken – nicht reiben. Drücken Sie das Wasser heraus, nachdem Sie die Spitze gut in warmem Wasser gespült haben. Vorsichtig schütteln und glatt auf ein Blatt stecken. Dabei darauf achten, dass jede Jakobsmuschel gedehnt und festgesteckt wird. Lassen Sie es trocknen.

Bei Bedarf mit einem warmen Bügeleisen auf der linken Seite leicht andrücken. Manche Schnürsenkel werden durch Pressen deutlich verbessert.

MALINES —

Auch wenn die Teile stark abgenutzt und ausgeblichen sind, können Malinen mit gutem Nutzen eingesetzt werden. Legen Sie ein dünnes, feuchtes Tuch darüber und drücken Sie es mit einem warmen Bügeleisen fest. Lassen Sie es gründlich trocknen, bevor Sie es vom Bügelbrett nehmen.

DAS ENDE